습지 그림일기

습지 그림일기

초판 1쇄 발행 2018년 6월 20일

글쓴이 · 그린이 박은경
펴낸이 강수걸
편집장 권경옥
편집 윤은미 정선재 김향남 이송이 이은주
디자인 권문경 조은비
펴낸곳 산지니
등록 2005년 2월 7일 제333-3370000251002005000001호
주소 부산시 해운대구 수영강변대로 140 BCC 613호
전화 051-504-7070 | 팩스 051-507-7543
홈페이지 www.sanzinibook.com
전자우편 sanzini@sanzinibook.com
블로그 http://sanzinibook.tistory.com

ISBN 978-89-6545-518-9 03400

• 북한산국립공원 진관동 습지 13년의 관찰 •

습지 그림일기

박은경 글·그림

산지니

• 여는 글 •

어린 시절 서울에서 자란 나는 방학이면 논산 할머니 댁에 가곤 하였다.
시골에 가면 할머니 할아버지께 절인사를 하자마자 냉큼 내려간 곳은 바로
아궁이였다. 부엌 한쪽에 수북이 쌓여 있는 솔잎을 가져다 아궁이 속에 밀어
넣고 마른 솔잎이 빨갛게 타들어 가며 꼬부라지는 모습을 보며 또 밀어 넣고,
한 번씩 부지깽이로 타는 솔잎을 들어 올려주고, 무한 반복하는 이 일이
얼마나 재미있었는지 모른다.

언젠가 여름에 냇가에서 놀다가 고무신이 둥둥 떠내려가 잃어버린 적이
있었다. 혼날까 봐 걱정이 되어 더는 못 놀고 돌아가는데 한여름이라 달궈진
땅바닥이 어찌나 뜨겁던지 지금도 발바닥이 따끔거린다고 하면 허풍에도
재능이 있는 걸까.(하하)

친척들이 모두 솥단지 싸가지고 강가에 가서 하루 종일 놀았던 날은
자려고 누우면 종아리에 물이 철썩거리는 듯해서 잠들 때까지 간지러웠던
적도 있다.

어른이 된 지금은 매주 수요일 서울 진관동 습지에 간다. 2005년
〈국립공원을지키는시민의모임〉에서 주관한 습지해설가 양성과정에
참여하면서부터 발걸음을 하게 되었다.

그때 우리는 습지에서 전문가의 강의를 듣고 새로운 것을 알아가는
재미에 푹 빠졌다. 풀, 나무 새, 곤충을 모니터링하고, 근처에 있는 초등학교
학생들과 지역방과후 아이들과 생태교육을 진행하기도 하였다.

나는 습지를 오가며 무심히 식물이나 곤충을 한 컷 한 컷 그렸는데
2015년에는 마음먹고 관찰스케치 작업을 하였다. 무지노트나 작은
스케치북에 현장에서 직접 본 것을 그렸고 흔한 연필, 볼펜, 색펜을 도구로
특징적인 것을 간략하게 그렸다. 관찰내용과 느낌은 짧게 썼다. 관찰대상을
그리기 위해서 서거나 쪼그리고 앉아 왼손으로 노트를 받치고 되도록 지우개

없이 단번에 그렸다. 책상에 앉아 편안한 자세에서 그릴 때와는 다른 고도의
집중력이 온몸에 모아졌고 마치 종이에 생중계를 하듯 생생함을 전할 수
있었다. 냉동재료가 아닌 생물로 요리하는 느낌이랄까. 색을 입히는 작업은
집에서 했는데 휴대폰으로 찍은 사진이 도움이 되었다.

　매주 수요일 모니터링을 하고 돌아오면 되도록 그날 작업을 마무리하려고
했다. 녹록지 않았지만 생물의 이름을 정확히 알고자 도감을 뒤적이고
인터넷에서 검색하는 일은 재미있었다.

　한여름 찌는 듯한 더위엔 빨리 그늘로 가고 싶어서 많이 못 그리고,
한겨울 매서운 추위엔 손이 곱아서 못 그리고, 그렇게 쉬며 놀며 그렸는데
시간이 가니 어느새 그림이 모였다.

　지성희 선생님은 물자리 선생님들이 이곳에서 13년이 넘게 순수하게
보전활동을 하고 있는 것은 의미가 있다며 물자리 이름으로 소박한 책을
내자고 나에게 제안했는데, 작년 2017년이 국립공원지정 50주년이 되는
뜻깊은 해인지라 그와 맞물려서 이렇게 책이 나오게 되었다.

　그동안 우리의 활동은 어땠을까? 우리는 이곳에 사는 다양한 생물들을
알게 되었고, 긴 시간 지켜보며 개구리의 수가 줄어드는 안타까운 사실도
확인하게 되었다. 가끔 땅 소유주를 만나면 이곳을 보전지역으로 묶어둔
것에 대해 격양된 불만의 소리를 듣기도 하였다. 습지 안에 멧돼지 올무가
설치되어 깜짝 놀란 적이 두 번이나 있었고, 이웃 주민이 습지 안에 있는
버드나무들을 시원하게 베어버린 어처구니없는 일도 있었다. 그럴 때는
국립공원관리공단과 구청에 알렸다. 정작 우리는 이곳이 보전지역이라
훼손되면 안 될 것 같아 습지 안에 들어가는 걸 조심스러워했고
습지 주변만 돌았었다. 습지 안으로 들어간 것은 몇 년밖에 되지 않는다.
하여간 이곳을 바라보는 시선 또한 다양함을 느낀다.

재작년부터 우리는 습지 안에 유입된 나무를 모니터링하고 있다.
습지 안에 버드나무가 아닌 다른 어린 나무가 많이 보이기 시작한 것이다.
습지가 서서히 육지화되어간다면 그 변화과정을 꾸준히 관찰하는 것은 의미
있고 흥미로울 것 같다.

그러나 진관동 습지를 가면서 언제나 즐겁고 재미있던 것만은 아니었다.
'내가 지금 무엇 하러 여기 오는 것일까?' '우리의 활동이 정말 의미 있을까?'
'나 혼자 좋아하는 것을 하며 노는 건 아닐까?' 이런 생각들이 의욕 없게
만들기도 하였지만 그런데 신기하게도 꾸준히 습지를 찾아갔다. 그곳엔
습지에 사는 생물보다 더 소중한 동료들이 있었기 때문이다. 작은 풀꽃에도
항상 함께 감탄해줄, 꽃보다 아름다운 그녀들이 있었기에 갈 수 있었다.
그녀들에게 함께 먹은 밥공기의 밥알 수만큼 고맙다고 전하고 싶다.

오늘도 나는 습지에 갔다. 습지 전체가 버드나무 수꽃 고명을 얹은
시루떡처럼 봄이 왔다고 난리다. 겨우내 쌓였던 북한산 눈이 녹아 내려와서
물이 많아졌는데 어제 비가 와서 더 찰랑찰랑하고, 신발이 쑥쑥 들어간다.
물이 많아서 그런지 작년에 비해 산개구리는 알을 마음껏 낳았고 올챙이들이
꼬물꼬물 바글거린다. 진관동 습지에 봄이 오면 이렇듯 버드나무가 꽃 피고
개구리가 알을 낳는다. 이것은 당연하기보다 고맙고 감사한 일이다.

내가 이 자리에 있음이, 개구리가 이곳에 있음이 당연한 게 아니니 서로
귀하게 바라볼 뿐이다.

과학자의 눈썰미도 아니고 보통의 글 솜씨도 못 되는 이 책이 나오기까지
함께한 순간들에 기쁨을 준 모든 풀과 꽃들, 개구리, 도롱뇽, 새들, 고라니,
멧돼지, 이 밖에 알아내지 못한 생물들에도 고맙다. 그 옛날 어린 시절로
돌아가 아궁이에 불을 때고 싶다. 밤새도록, 빨간 불을 보며….

2018년 5월 박은경

〈국립공원을지키는시민〉의 모임의 계간지 『초록 숨소리』의 표지에 국립공원의 모습을 창간호부터 지금까지 감동적으로 그려주는 박은경 님이 이번에 물자리 모임의 관찰일기를 책으로 펴낸다.

물자리 모임은 〈국립공원을지키는시민의모임〉의 한 동아리로 2005년부터 지금까지 북한산국립공원 내 진관동 습지의 보호와 교육을 위하여 매주 모니터링 활동을 하고 있다. 진관동 습지는 습지가 드문 북한산국립공원의 귀한 물자리로 북한산성 바깥쪽, 원효봉, 노적봉, 의상봉에서 내려다보이는 경치 좋은 곳에 자리 잡고 있으며 서울시에서도 생태경관지역으로 지정하여 보호하고 있는 지역이다.

물자리 모임 회원들은 이곳에 따오기의 노랫소리와 두루미의 아름다운 자태를 볼 수 있는 날을 꿈꾸며 13년째 풀과 나무, 새와 벌레들을 관찰하고 어린이들에게 교육을 하며 아름다운 자원활동을 이어오고 있다. 박은경 님은 관찰 기록을 그림일기 형식으로 어린이와 어른 누구나 자연의 아름다움을 느낄 수 있고 이해할 수 있게 작성하여 물자리 모임의 활동을 더욱 빛내주었다. 거미가 단풍잎돼지풀로 집을 지어 비를 피해 가는 이야기며, 느린 달팽이가 바쁘게 살아가는 이야기며, 개구리 알, 도롱뇽 알, 멧비둘기 등 물자리 식구들의 자연 이야기를 "소나기의 그림일기"란 관찰 기록을 게시하여 〈국립공원을지키는시민의모임〉 회원들뿐만 아니라 물자리 모임을 아는 많은 분들에게 자연의 소중함을 알려주었다.

이번에 발간되는 『습지 그림일기』는 〈국립공원을지키는시민의모임〉 회원들의 강력한 요청으로 그동안 작업한 그림일기 중 대표작을 뽑아 진관동 습지의 아름다움을 널리 알리기 위하여 출판하게 되었다. 박은경 님의 그림에는 자연에 대한 깊은 애정과 뛰어난 관찰이 잘 표현되어 있다. 또한 동화 같은 일기는 우리 모두가 동심으로 돌아가 맑은 마음으로 국립공원의 주인은 꽃, 나무, 벌레, 우리 아이들이란 생각을 다시금 갖게 할 것이다.

〈국립공원을지키는시민의모임〉 대표 **최중기**

차례

4부 가을에 만난 습지

5부 겨울에 만난 습지

6부 돌아봄

•1부•

인연

작고 이름 모를 풀꽃이 좋아
북한산 아래 습지를 가게 되었고,
그것이 어언 13년이 흘렀다.
늘 새로운 것을 만났고,
똑같은 것을 보고도 새롭게 느꼈다.

물을 머금고 있는 땅, 진관동 습지

　이곳 습지는 예전에 논이었다. 그 논이 오랫동안 묵혀져 있으면서 자연스럽게 주위에 있는 풀씨들이 날아들고 버드나무들이 들어와 습지가 되었다.

　서울에서는 보기 드문 습지로 의상봉을 배경으로 한 북한산 경관이 빼어난 곳이고, 다양한 생물종이 서식하여 2002년 서울시는 은평구 진관동 78번지 습지 일대를 생태경관보전지역으로 지정하였다.

　이 지역을 〈국립공원을지키는시민의모임〉에서 습지를 보전하기 위해 관심을 가졌고 '물자리'라는 소모임이 2003년부터 모니터링을 계속해 오고 있다. 나는 그때부터 매주 수요일 이곳을 찾아가는 단골손님이 되었다.

　북한산 능선 굽이굽이 아래로 흐르는 물은 평평한 초지를 만나 퍼지고 적시고 흐르고 고이며 이곳 습지까지 내려온다. 그리고 더 갈 길을 내려가면 창릉천으로 흐른다. 이곳에 들어서면 먼저 눈에 확 들어오는 것이 단연 버드나무이고, 그 사이와 옆에 달뿌리풀과 갈대가 무리 지어 있다. 우리가 모이는 밤나무 옆으로 소나무, 목련, 향나무가 있고, 쭈욱 벚나무 길로 이어진다.

　그리고 커다란 가래나무와 두충나무 아래엔 물길 따라 앵두나무가 쪼로록 심어져 있다. 나무 중에서 우리의 관심을 지대하게 받는 양버들 네 그루는 보전지역 안과 밖의 경계표시인 듯 경쾌하게 핫도그처럼 서 있다.

보전지역 바로 옆은 소나무, 백송, 주목, 단풍나무가 빼곡하다.
물자리 모임은 넓지도 않은 이곳을 보고 또 돌아보곤 한다.

여기에서 풀과 나무들, 꽃들, 새들, 곤충 등 보이는 대로 보기도
하지만 애써 보려는 것도 있다. 바로 양서류인 개구리와 도롱뇽, 맹꽁이
삼총사들이다. 땅에서도 살고 물에서도 살아야 하는 이들에게 물과 뭍은
같이 있어야 한다. 그런데 살 수 있는 웅덩이는 줄어들고 오염되는 환경은
늘어나니, 우리 삼총사들이 참 살기 어렵다 싶다.

예전에는 서울에서 유일하게 이곳에서만 관찰된 '참별박이 왕잠자리'
수채(유충)도 보고, '애기물방개'도 자주 보았다. 그런데 이제 옛날 같지 않다.

습지는 수심의 깊이가 얕아지고 육지화되어 가고 있는 모습이 뚜렷이
보이고 있다. 앞으로 이곳을 육지화되지 않게 관리하여 습지상태를
유지하는 게 맞는지, 아니면 자연 상태 그대로 변화하는 습지를 지켜보는
것이 맞는지 어려운 일이다.

이곳은 국립공원 안에 속해 있지만 전부 개인 사유지이기도 하다.
환경관련 종사자들은 보전하려는 곳이고, 돈을 벌고 싶은 소유주들은
개발을 하고 싶어 하는 대립의 장소이다.

그런데 이곳은 인간들이 그러든가 말든가, 때가 되면 봄이 오고 꽃이
피듯 자연의 순리에 충실히 살아가고 있는 생물들의 터전이다. 도심에 있는
이곳을 인간과 생물들이 공동명의로 함께하는 것은 어려운 것일까?

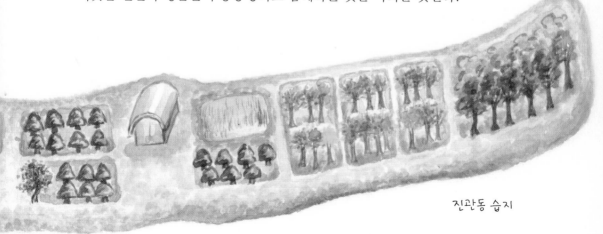

진관동 습지

멧비둘기 둥지
2017.6.21

편안한 일상, 습지 가는 일

  그냥 작은 이름 모를 풀꽃이 좋아 지인의 소개로 북한산 아래 습지에
가게 되었고, 그것이 어언 13년이 흘렀다. 그 공간을 그렇게 자주 가
봤어도 늘 새로운 것을 만났고, 똑같은 것을 보고도 새롭게 보였다. 아는
게 알았던 게 아니요, 보는 게 보았던 것이 아니었다.

  자주 본 풀도 "뭐였더라?" 하고 헤매기 일쑤고, 이곳에 이런 나무가
있었나 싶을 정도로 생소하게 느껴질 때도 있었지만 살아 있는 것들이
주는 기쁨은 더 크게 다가온다.

풀꽃으로 시작된 작은 관심은 나무에게 곤충에게 새에게
야생동물에게도 넓어졌고, 이제는 나무를 흔드는 바람도, 풀을 적시는
비도, 머리를 뜨겁게 달구는 햇살도, 이 모든 것을 바라보고 있는 하늘도,
마음이 더 가게 되었다.

해충이라고 하는 노린재를 만나면 농사꾼이 아니라서 그런지 그저
반갑다. 열심히 식사 중인 이름 모를 애벌레를 만나도 누구의 애벌레인가
꼭 알아야만 하는 전문가가 아니기에 귀엽다. 단풍잎돼지풀이 득세해도 좀
기다려보면 또 달라질 거란 마음이니…. 이렇게 건성으로 다녀서 그런가,
습지 가는 일은 그냥 편안한 일상이 되었다.

그러나 이런 건성도 쌓이니 정이 들었나 보다. 한여름 집에 있을 때 비가
죽죽 오면 습지에서 좋아할 맹꽁이들이 생각나고, 한겨울 눈이 펑펑 오는
날 집에 있을 때에도 습지에 누가 와서 놀다 갈까 궁금해진다. 어여 가서
네모공주 '맹꽁이 올챙이'를 만나고 싶고, 토끼와 고라니 발자국이라도
만나고 싶어진다.

나무 위에서 먹이를 쪼는 쇠딱따구리를 보았을 때 그리고 '끼익' 소리를
내며 다른 나무로 날아갈 때 가슴이 뛴다. '푸서석' 풀 소리가 나서 뒤를
돌아봤는데, 벌써 저 멀리 나무속으로 들어가 버린 고라니의 엉덩이를
보았을 때도 왜 그토록 가슴은 설레는지.

살아 있다는 현존과 기쁨을 동시에 느끼는 기분이랄까.

호랑나비의 애벌레를 보면 이 순간이 나비가 되기 위해 거쳐야 하는
순간임을 알기에, 잘 자라라고 응원해 주고 싶다.

봄꽃을 기다리는 초봄에 땅이 질퍽질퍽 햇살에 반짝이고 신발에 흙이
쩍쩍 붙는 걸 보며, 아~ 나는 이곳에서 흙을 밟고 있다는 것을 새삼
느꼈다. 집을 나와서 걷고 지하철을 타고, 버스를 갈아타고, 이곳에 와서
흙을 밟아보는 거였다. 어쩌면 흙을 밟기 위해 이곳에 오는 것은 아닐까?

나는 습지를 거닐며 겨우내 마른 풀 가지를 꺾어 들고 다니다가
버리기도 하고, 깨풀 마른가지를 손으로 훑어서 냄새를 맡아보기도 한다.

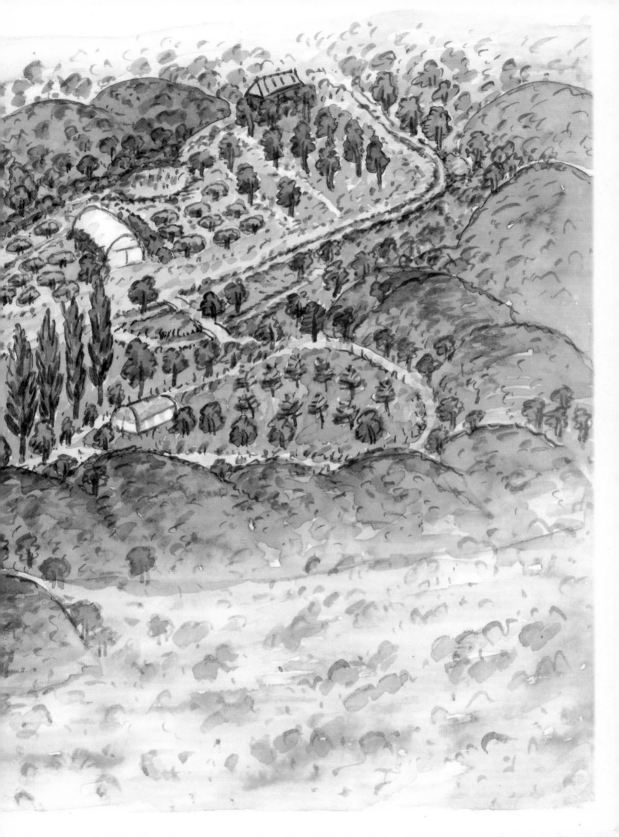

· 2부 ·

봄에 만난 습지

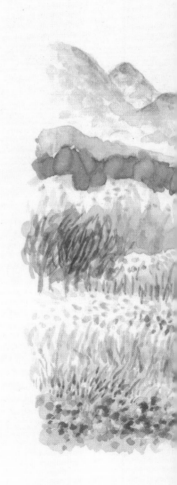

때가 되면 싹이 나오고

3월   갯버들의 습지 봄 마중

개불알풀

 습지의 큰 둠벙은 아직 얼음이 꽁꽁 얼어 있고,
물이 얕게 있던 곳은 얼음이 벌레 먹은 잎처럼
가장자리가 녹고 있다. 낮이면 온화한 햇살에 봄인 것
같다가도 저녁이면 쌀랑한 기온에 아차! 겨울이구나
싶고, 흙도 얼었다 녹았다를 반복하여 질척질척거리면서
봄은 시작한다.
 겨울 동안 움츠렸던 몸에 두껍게 입었던 외투를
벗으려는 듯, 꽉 쥐었던 주먹의 손가락을 하나하나 펴듯,
습지에 봄 마중을 제일 먼저 하는 녀석은 갯버들이다.
 습지에는 2월 말부터 갯버들이 피기 시작하는데
"여러분~ 봄이 왔어요~"라고 잠자는 친구들에게
봄 알람을 울려 주는 듯하다.
 우리도 그 알람 소리에 잠자고 나온 개구리를
만나려고 눈 크게 뜨고 찾아보기 시작한다.
보통 3월이 되면 북방산개구리가 뭉글뭉글 알을 낳는데,
다른 곳에서 개구리가 나왔다는 소식이 들려오면 마음이
들썩인다.
 그러나 꽃샘추위가 찾아오면 알이 무사할지 걱정일
때도 있다. 개구리 알 덩이 위에 얼음이 생겨서 냉동실에
갇혀 버리거나, 어떤 알은 하얗게 부패가 되어 썩는
경우도 있다.
 3월 말부터 완전히 녹은 둠벙은 개구리 알을 품고
물오르는 버드나무를 품는다.

버드나무

드디어 얼음이 녹았고
개구리 알도 보인다.
습지에 하늘과
버드나무가 퐁당 빠졌다.
찔레는 너무 자라
물 속으로 빠져버린 가지가
무사할지 모르겠다.
2017.3.15

습지 둠벙은 된장국이다. 버들잎, 갈대, 골풀…
야채가 들어간 누군가에게 구수한 된장국.
집에 음식물 쓰레기를 며칠 놔두면 큼큼한
냄새가 난다. 둠벙은 그 많은 잎들을 작년부터
담고 있으면서도 냄새가 나지 않는다.
이 건더기들은 쓰레기가 아닌 누군가의
밥이어서 그런가? 2017.3.15

습지에 주종을 이루는
버드나무…
이 한 그루의 나무가 뻗는
줄기 방향이 ~ 평범하지 않다.
휘어지고 … 처지고, 꺾어지는
가지 속에 … 하늘을 향해
올라가는 가지도 있다.
우울증으로 힘들어하는 친구
맘도 이 두 가지가 다 있겠지.
친구야 기운을 내렴.
이 습지에 달뿌리풀과 함께
있는 이 나무가 아름답듯
너도 아름다운 존재야….

2016.3.23

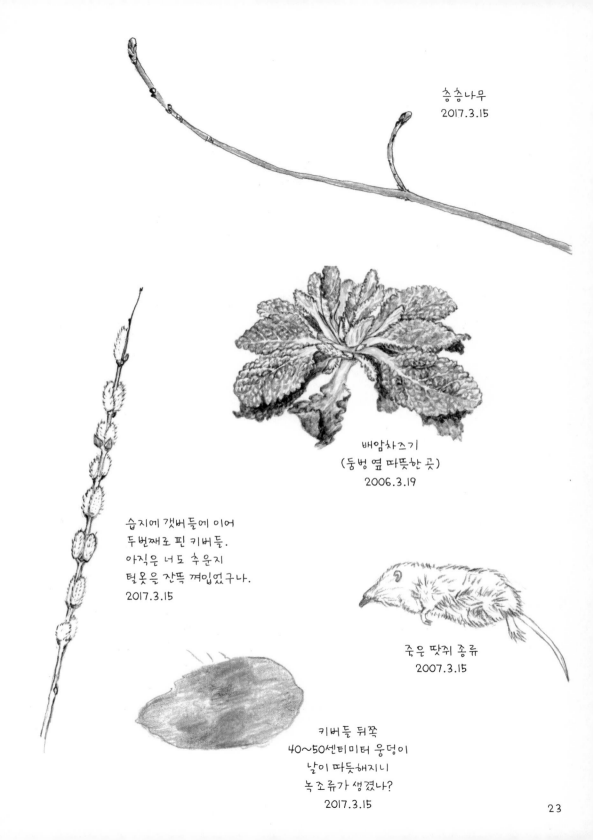

송송나무
2017.3.15

배암차즈기
(둥벙 옆 따뜻한 곳)
2006.3.19

습지에 갯버들에 이어
두번째로 핀 키버들.
아직은 너도 추운지
털옷을 잔뜩 껴입었구나.
2017.3.15

죽은 땃쥐 종류
2007.3.15

키버들 뒤쪽
40~50센티미터 웅덩이
날이 따뜻해지니
녹조류가 생겼나?
2017.3.15

23

마치 죽은 듯 있었다.
암컷의 다리와 얼굴이,
수컷도 전체적으로
말라 보였다.
수컷은 겨울잠을
어디에서 잤는지
온몸이 온통
흙인가, 작은 낙엽
부스러기인가가 묻어
있다.
오늘 비가 온다고
했는데… 많이 와서
우리 개구리들이 알을
낳을 수 있는 좋은
보금자리가
만들어졌으면 좋겠다.
2015.3.16

꽃매미 알집
살짝 손을 대기만 해도
자국이 날 정도로 곱고
부드럽다. 2017.3.15

습지 들어가는 길
사철나무에
왕사마귀알집
2017.3.15

올챙이의 탄생

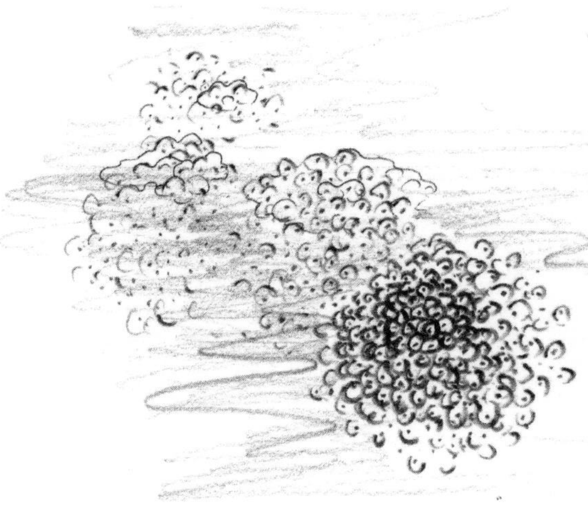

앗! 어머~
오늘 낳은 알…
흑진주…
네 덩이 정도…

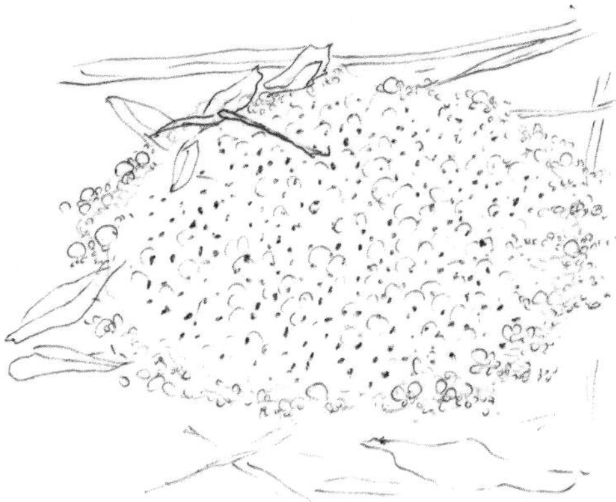

가장자리에 거품이 둘러져 있다.
발생 속도에 박차를 가해서인가.
우두두… 올챙이의 탄생을…

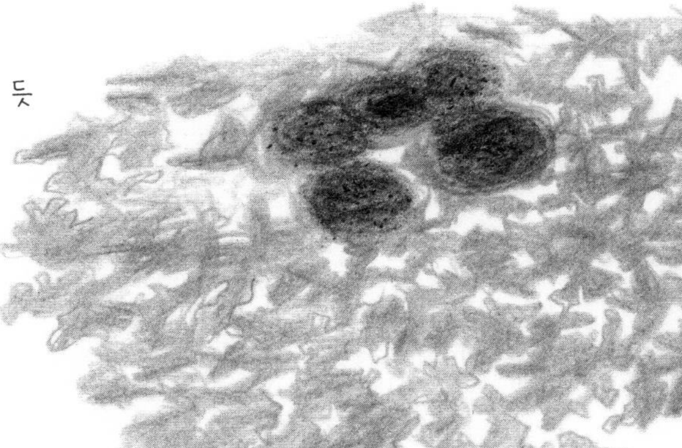

마치 수련 잎처럼 개구리
알덩이가 떠 있다.
습지 물은 마치 땅이 되려는 듯
진한 갈색의 부유 덩어리가
넓게 퍼져 있다.
전체적으로 작은 기포들이
뽀글뽀글 있다.
2016.3.23

키버들 뽕나무 노박덩굴 찔레 갯버들
조팝나무 싸리 붉나무…
습지 안에 어느덧 자란 어린 나무들.
무럭무럭 자라는 버드나무 사이에
꺾이고 쓰러진 버드나무 사이에
이 습지는 어떻게 변화할까?
2016.3.23

지칭개
2006.3.19

붉나무

드디어 폭죽놀이가 시작되었다.
쑥이 파바파바 하며 작은
불꽃으로 터져 나오기
시작하더니 민들레가 펑펑 하며
큰 불꽃을 뿜는다. 2017.3.29

시든 골풀이 물속에 잠겨
있다. 서 있는 골풀은
마치 난을 연상하게 한다.
난처럼 고고하지 않지만
수수하고 숱이 많은
모양새가 평범한 우리들
같다. 2017.3.15

진고동색에 가는 풀들이
들어 있는 4.5센티미터
정도 폭 굵기의 똥.
습지 안 큰 물가 풀 위에.
2017.3.15

습지 안 나무가 뿌리째 쓰러져 있다.
윗쪽 가지가 하늘로 쭉쭉 뻗어 있는 걸
보니 작년에도 이런 자세로 살아온 듯하다.
2015.3.25

버드나무가지가 단풍잎돼지풀 위에
떨어졌는데 그 가지에 노랑쐐기나방 고치가
있다. 이 단단한 집에 애벌레가 있다니~
애벌레는 겨울잠을 자는 걸까?
5월이면 이 속에서 번데기로 되었다가
6월이나 돼야 우화해서 나온다니…
6월이 기다려진다. 2017.3.15

28

왜 물 위에 깃털이
둥둥 떠 있을까?
목욕은 아닌 것 같은데…
격렬한 싸움?
2016.3.30

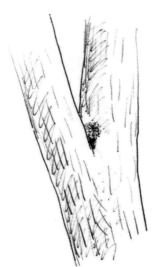

나무줄기 사이에 솔방울이 끼어 있다.
"여보, 등 좀 긁어봐. 어, 거기!"
"머리카락이 들어갔구만."
나무는 근질근질할까?
내가 가려운 것 같다.
2016.3.30

익모초

단풍잎돼지풀

쑥

포아풀류

환삼덩굴

29

"알인 것 같죠? 사실∼( )이에요."
무성한 마른 삿갓사초풀 속
꿩들의 공동화장실?
습지에 오면
언제나 "꿩꿩", "케거덩 케거덩"
꿩소리를 듣는다.
놀랐다는 듯 "푸드덕" 둔하게 날아가는 꿩은 볼 수 있다.
요 습지에 매인 오는 듯한데…
꿩 새끼는 아직 못 봤다. 보고 싶다.

대개 꿩은 동이 트면 햇살을 따라
산에서 내려와 들에서 먹이를 먹고
모래목욕을 즐기다가
산으로 돌아간다고 하는데
그래 요기가 딱이지!

꿩의 똥은 회색빛깔에 흰색이 섞인 건데
오래되어서 그런가. 푸석푸석해 보이는 갈색에 흰색이
보인다. 2016.3.30

멧돼지가 땅을
파헤쳤다.
뭘 먹으려고
그랬을까.
2015.3

2015.3
멧돼지가
땅을 파헤쳤다.
뭘 먹으려고 그랬을까

이게 무슨 일이람. 습지 안 맨 왼쪽 가장자리에 있는 버드나무 수십 그루가 베어져
있다. 여태 이런 일은 없었는데 누가 도대체 왜 이런 일을 했을까? 거참 알 수가 없다.
우린 얼른 국립공원관리공단에 알리고 은평구청에도 연락했는데 그들은 우리처럼
놀라지 않는다. 나중에 공단으로부터 들은 소식은 습지 앞에서 일하는 분이 그랬다고
한다. 이곳이 국립공원인지 몰랐을 거라고. 국립공원에 대한 홍보가 필요하지 않을까.
2017.3.22

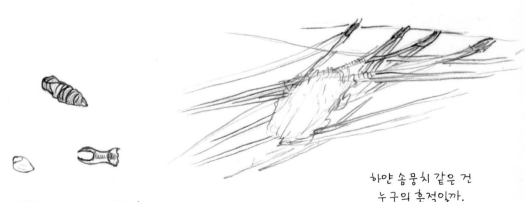

싹들을 보느라 땅바닥을 쳐다보니
번데기도 보이고 씨앗도 보이고
집게벌레의 몸뚱아리 일부도 보인다.
한곳을 오래 쳐다보면 생각지 않은
것이 보인다. 2017.3.29

하얀 솜뭉치 같은 건
누구의 흔적일까.
2017.3.29

4월   때가 되면 싹이 나오고

습지를 점령한 버드나무는 꽃이 흐드러지게 피는데 우리의 관심은 귀한 도롱뇽에게 가 있다. 점점 말라가고 있는 위태롭고 불안한 물가. 그나마 얼마 되지 않은 공간에 어김없이 도롱뇽이 찾아와 작년과 같은 그 자리에 알을 낳으면 어찌나 반갑던지. 고맙기 그지없다.

아마 건강한 자식보다 아픈 자식에게 마음이 더 가는 것과 같은 심정이 아닐까 한다. 이때쯤 도롱뇽과 개구리 알이 같이 합숙하기도 한다. 언젠가는 도롱뇽 알이 물이 없어 말라 죽을 것 같아서 물이 더 많고 풀로 살짝 가려진 곳으로 옮겨주기도 했었다.

우리가 눈길 한 번 제대로 주지 않는 버드나무꽃이 한창 피고 질 때 잎보다 먼저 꽃을 피우는 꽃들이 습지 가장자리에 꽃담을 이룬다. 목련, 벚꽃, 개나리, 매화, 앵두…. 꽃 색에 빨려들 수밖에 없는 복사꽃이 앞 다투어 피기 시작하면 우리도 이 꽃 저 꽃에 취하느라 벌처럼 바쁘다.

땅바닥에는 (바짝 엎드려) 로제트로 지냈던 냉이, 민들레, 질경이, 개망초, 꽃다지가 꽃을 피워댄다. 그 바람에 겨울에 눈인사를 많이 했던 콩새가 가는지, 쑥새가 가는지 작별인사를 할 시간도 느낄 새가 없다. 겨울 내내 하늘만 쳐다봤는데 이제 땅바닥을 쳐다보느라 고개 들 시간이 없다.

모든 나무들이 잎을 내밀고 꽃을 피우고 할 즈음 10시까지 늦잠 자는 아들 같은 녀석이 있다. 복숭아 맞은편에 있는 땅비싸리인데 작년 가지에 아직도 꽝 마른 열매만 달고 있다. 땅비싸리는 콩과식물로 뿌리혹박테리아가 활동하려면 따뜻해야 하기에 늦게 새순이 나오는 거란다. 싹은 봄에도 나오고 여름에도 나오고 가을에도 나오는 녀석이 있다. 봄이 되어야 싹이 나오는 것이 아니라 때가 되어야 싹이 나오는 것이렷다.

찔레 싹. 습지에 버드나무
다음으로 많은 이인자 나무
2017.4.5

습지 입구 소나무와 밤나무 사이에 있고
목도리방귀버섯인 것 같다.
뻥 터지고 난 후의 모습. 2017.4.19

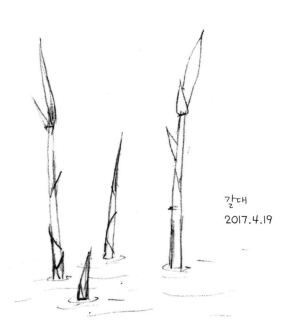

갈대
2017.4.19

습지바닥엔 죽은 버드나무 가지들이 많다.
버드나무는 물을 좋아하는데 뭐가 안 맞아서…
어떻게 위에 있는 가지가 부러졌을까? 바람에?
2016.4.6

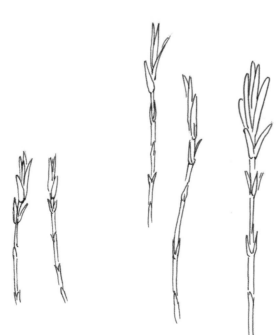

좁쌀풀 싹
잎 가장자리 붉고
잎 마주 나고 무리 지어
쑤욱 쑤욱 올라왔다.
2015.4.22

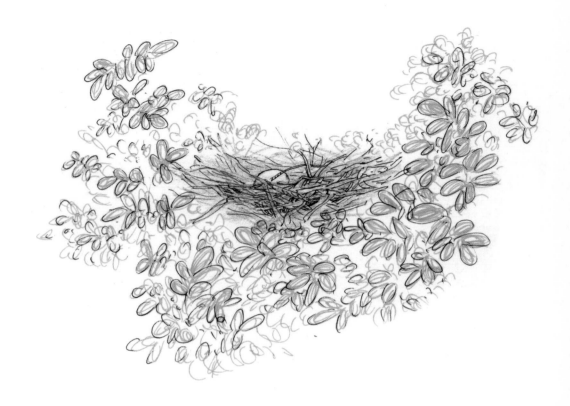

습지 안 버드나무를 지나는데 갑자기 멧비둘기가 푸드득 날아가서 깜짝 놀랐다.
성희 선생님이 제 놀랜 거 같다고 해서 주변을 보니 새둥지가 있다. 어머나…
둥지는 내 키보다 작은 140센티미터 정도 높이에 다소 낮은 곳에 자리 잡았고
찔레가 둘러쳐져 있다. 멧비둘기가 날아가고 둥지모양이 납작한 걸로 봐서
멧비둘기의 둥지가 맞는 것 같은데 알이 하나밖에 없다. 멧비둘기는 두 개의 알을
낳는데…. 어찌된 것일까? 뱀이 꿀꺽? 아~그건 찔레 때문에 접근하기 어려울 것
같은데…. 하여간 잘 품기를 바란다. 2017.4.28

5.10
알이 궁금해서 살그머니 가보니 하나 있던 알마저 없다. 성희 선생님이 지석
선생님에게 알이 하나밖에 없는 이유에 대해 물어보니 "알을 낳고 있었는데
놀라서 날아가 버렸을 수도 있을 것 같다 했단다. 보전한다고 하면서 이렇게
습지 안에 들어가는 것이 맞을까? 우리의 관심 어린 행보가 생물들에겐 위협이
될 수도 있음을 다시 느끼며… 멧비둘기한테 미안하다.

물 많은 때 알을 낳았나 보다. 얼른 그리고 난 후 물속에
넣어주었다. 물속 통나무 아래 도롱뇽이 있을 것 같았는데
정말 있는 것 같다. 비밀의 은신처^^ 2015.4

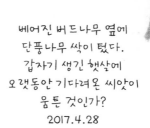

베어진 버드나무 옆에
단풍나무 싹이 텄다.
갑자기 생긴 햇살에
오랫동안 기다려온 씨앗이
움튼 것인가?
2017.4.28

둥그렇게 말린
도롱뇽 알주머니와
개구리 알덩이들

샘에서 만난
도롱뇽
2010.4.5

37

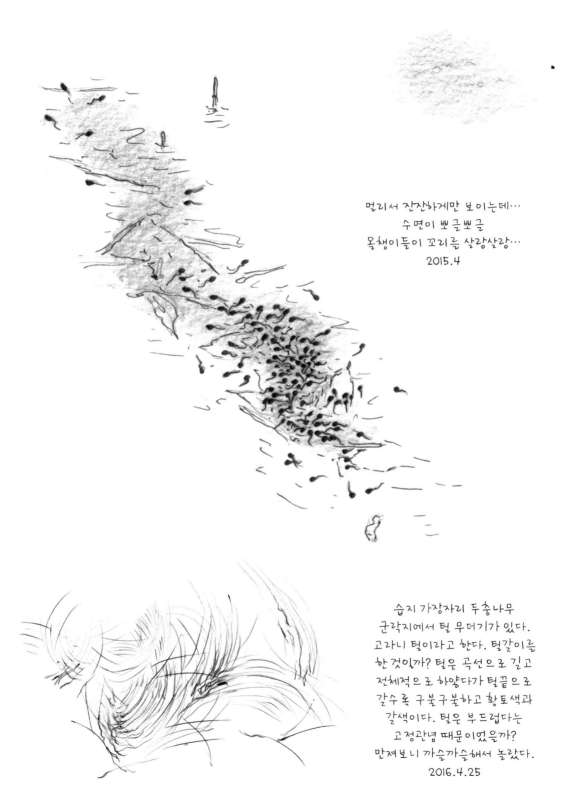

멀리서 잔잔하게만 보이는데…
수면이 뽀글뽀글
올챙이들이 꼬리를 살랑살랑…
2015.4

습지 가장자리 두충나무
군락지에서 털 무더기가 있다.
고라니 털이라고 한다. 털갈이를
한 것인가? 털은 곡선으로 길고
전체적으로 하얗다가 털끝으로
갈수록 구불구불하고 황토색과
갈색이다. 털은 부드럽다는
고정관념 때문이었을까?
만져보니 까슬까슬해서 놀랐다.
2016.4.25

청설모
2012.4.27

올챙이들은 사춘기 독립생활을 한다.
물 위 거품들과 기름띠로 물속이 보이지 않는다.
걸죽한 덩어리들도 둥둥 떠 있다. 소금쟁이들은 쥐죽은 듯 포진해 있다.
거미 한 마리가 물 위를 걷자 소금쟁이가 쏜살같이 추격한다.
2015.4.22

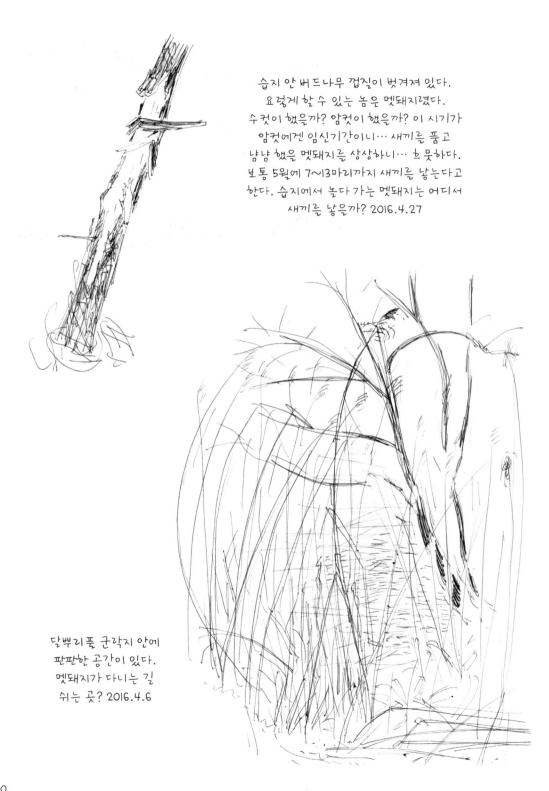

습지 안 버드나무 껍질이 벗겨져 있다.
요렇게 할 수 있는 놈은 멧돼지렸다.
수컷이 했을까? 암컷이 했을까? 이 시기가
암컷에겐 임신기간이니… 새끼를 품고
냠냠 했을 멧돼지를 상상하니… 흐뭇하다.
보통 5월에 7~13마리까지 새끼를 낳는다고
한다. 습지에서 놀다 가는 멧돼지는 어디서
새끼를 낳을까? 2016.4.27

달뿌리풀 군락지 안에
판판한 공간이 있다.
멧돼지가 다니는 길
쉬는 곳? 2016.4.6

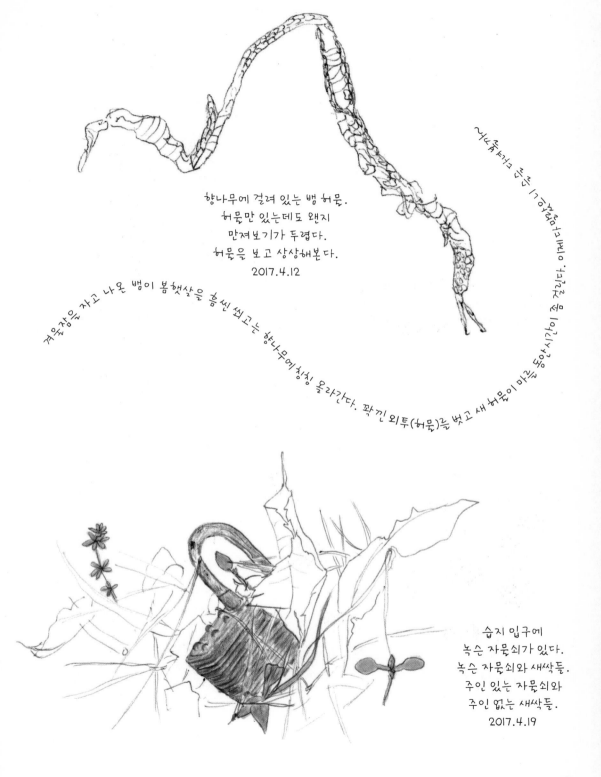

향나무에 걸려 있는 뱀 허물.
허물만 있는데도 왠지
만져보기가 두렵다.
허물을 보고 상상해본다.
2017.4.12

겨울잠을 자고 나온 뱀이 봄햇살을 흠씬 쐬고는 향나무에 칭칭 올라간다. 꽉 낀 외투(허물)를 벗고 새 허물이 마을 동안서 깊이 쐬고 다시금 어딘가로 봄 여행을 떠났으리라 조심스럽게 추측해본다

습지 입구에
녹슨 자물쇠가 있다.
녹슨 자물쇠와 새싹들.
주인 있는 자물쇠와
주인 없는 새싹들.
2017.4.19

솔방울처럼 보이는 곰보버섯.
습지 여기저기에 대략 15개는 봤다.
기둥(기부) 속이 비어 있다.
머리도 텅 비어 있다. 신기하다.
2016.4.27

잘려진 버드나무에 마치 시금치가 붙어 있듯
새싹다발이 자라고 있다. 닥쳐온 고난에
희망을 내뿜은 듯하다. 여린 잎은 붉은
기운으로 무장했고 잎은 예전 것보다 넓고
커다랗다. 나무도 몰랐겠지. 이런 잎이 있을
줄이야. 우리도 살면서 당장 오늘 무슨 일이
일어날 줄 모른다. 하지만 그때 내 안에 숨어
있던 희망이 가동하지 않을까?
이 버드나무처럼…. 2017.4.28

곰보버섯

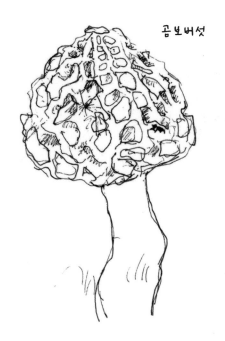

"어~ 이런 버섯도 있었어!"
"처음 보는 것 같아."
"여기도 있는데…"
"어~ 여기도."
"그물버섯?"
"꼭, 곰보 같다."

역시~ 오랫만에 온 수경 선생님이 딩동댕~
"거참, 이름 잘 지었네."
유성이가 곰보버섯에 대해 찾아보니…
식물과 공생생활을 하는 균근성 버섯이란다.
공생이란 말에 우리의 얘기는 일파만파~
생태강의에서 식물이 경쟁을 하는 게 아니라
공존을 하는 것이라며…

광합성을 할 수 있는 나무는 탄수화물을
버섯에게 공급해주고 버섯은 수분과 영양분을
흡수하여 나무뿌리에게 공급해 상호
공생 공존의 거래를 하는 거란다.

산도가 높은 난자의 외벽도
많은 정자가 희생을 하고 드디어
뚫렸을 때 제 임자가 만나지는 거라며
우리가 희생으로 만들어진
귀한 존재란다.

큰 나무들 사이에 자라는 키 작은 나무들은
어떻게 살 수 있을까? 그 늘지고 부족한 햇빛의
조건에서 도와주는 이웃들이 있으니… 바로
균근성 버섯들이라는 것.

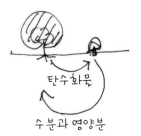

탄수화물

수분과 영양분

일본왕개미 중 여왕개미
2016.4.27

찔레 잎 위에 품잠자리 알
♫♫♪♪♪♪
그대는 썬샤인~
나만의 햇살~
힘들고 지칠 때 감싸줘요~
2016.4.27

버드나무 씨앗들~
벚꽃 잎이 눈처럼 날리더니
이제 버드나무 씨앗들이 그 뒤를 따른다.
가벼워도 바람이 없으면 날지 못하고
아무리 가벼운 것도 계속 날 수는 없다.
2016.4.27

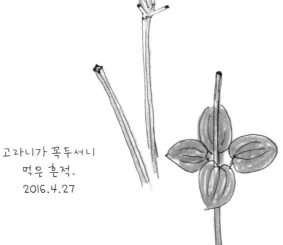

고라니가 꼭두서니
먹은 흔적.
2016.4.27

북한산성 습지 묘지에서.
김말남 선생님께서 그러시는데 옛날에
묘지 주변에 무듯 싹이 많았고, 잎을
잘라보면 끈적끈적 하다고 하셨다.
2016.4.27

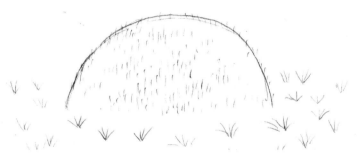

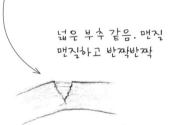

넓은 부추 같음. 맨질
맨질하고 반짝반짝

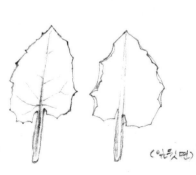

(잎뒷면)

솜나물(국화과)
일찍 피어서 그런지 잎도 작고 꽃대 길이가 짧았다.
한 5센티미터 정도. 책에는 높이가 10~20센티미터로 나왔다.
꽃잎 뒤는 연한 붉은 빛. 줄기-하얀 솜털로 덮여 있다.
솜 뒤쪽은 약간 하얗다. 꽃잎만 빼고 다 솜털로 되어 있다.
(잎자루-고동색. 아래로 갈수록 고동색.) 잎 앞면은 약간
솜사탕을 만들 때처음 엉키는 모습 같다.
줄기는 꽃이 진 뒤에 길게 자란다고 한다. 아래로 갈수록 고동색.

5월　　길앞잡이의 일광욕 시간 방해?

　습지 안에 좁쌀풀 싹이 올라오고 습지 바닥은 어느새 애기똥풀로 노랗다.
곤충들이 슬슬 보이고 가시측범잠자리가 날아다니는 완연한 봄날, 지칭개
줄기에 다닥다닥 붙은 진드기를 봐도 못 본 척한다.

　누구의 새끼인지 모르는 까만 애벌레 10형제가 잎사귀에 옹기종기 모여 있다.
개구리 알과 도롱뇽 알은 올챙이로 쑥쑥 자라고 있는데, 개구리 알을 소금쟁이가
먹기도 하고 백로가 와서 먹기도 한다.

　어느 해인가 수풀 안에서 뱁새둥지를 발견하고 깜짝 놀랐다. 아니~ 둥지 안에
새끼가 있는 것이다. 환경스페셜에서만 보던 새 둥지를 실제로 보는 느낌이란….
살아 있는 생명을 직접 눈으로 만나는 가슴 떨리는 순간이었다. 계속 볼 수 없어
떨리는 흥분을 뒤로하고 물러나와 어미 새의 동태를 살폈다. 다행히 어미 새가
둥지를 찾아와 줬다.

　습지 바닥엔 청딱따구리가 부리로 열심히 풀을 헤치며 뭔가를 찾고 있다.
청딱따구리가 특히 좋아하는 먹이가 개미라고 하니, 아마 개미를 잡아먹고 있는
중인 것 같다. 어느 나무 구멍 속에 새끼를 키우고 있을지도 모르지만 많이 먹고
새끼도 잘 키우렴.

　습지를 떠날 즈음 알록달록 '길앞잡이'가 두 발짝 앞에 있다. 반가운 마음에
한 발짝 다가가면 뛰듯 날 듯 다시 저만치 앞으로 가버린다.
"나 잡아봐라~" 하는 것도 아니고…. 아~ 그래서 네 이름이
길앞잡이구나. 길앞잡이는 사냥을 잘하기 위해 몸의 체온을 높여야
한다. 그래서 5월 햇살 좋은 흙길에 이렇게 일광욕을 하고 있는
것이었다. 길앞잡이 입장에서는 우리 일행이 그의 나른한 '일광욕'
시간을 방해한 것이다.

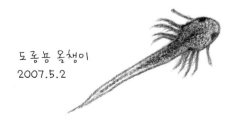

도롱뇽 올챙이
2007.5.2

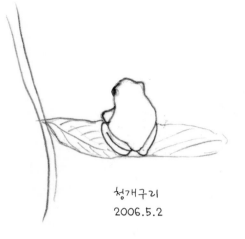

청개구리
2006.5.2

살아 있는
모든 것이
흔들거린다.
2016.5.4

아래가 번떡 번떡 움직였다.

애기똥풀
바람이 분다. 버드나무 가지가 쉴 시간도 없이
나무 아래 그늘에 있는 풀들도 누웠다 일어났다,
그늘 됐다 양달 됐다… "쓰으윽 … 프이히 … 쓰휘히 …"
바람소리를 어찌 표현해야 할지…
2016.5.4

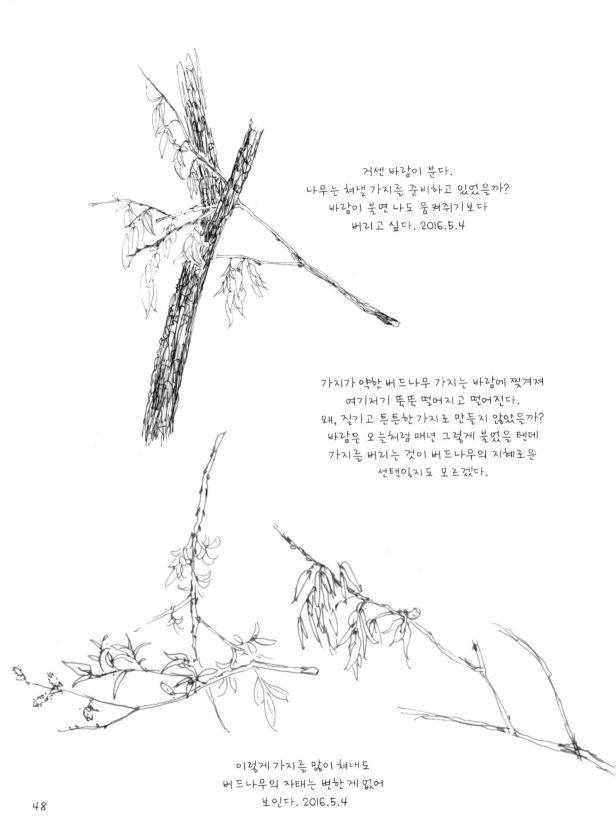

거센 바람이 분다.
나무는 쳐낼 가지를 준비하고 있었을까?
바람이 불면 나도 움켜쥐기보다
버리고 싶다. 2016.5.4

가지가 약한 버드나무 가지는 바람에 찢겨져
여기저기 뚝뚝 떨어지고 떨어진다.
왜, 질기고 튼튼한 가지로 만들지 않았을까?
바람은 오늘처럼 매년 그렇게 불었을 텐데
가지를 버리는 것이 버드나무의 지혜로운
선택인지도 모르겠다.

이렇게 가지를 많이 쳐내도
버드나무의 자태는 변한게 없어
보인다. 2016.5.4

물가 가장자리
화려한 봄꽃들을 보는 사이…
소리 없이 이곳에서 벌써 삿갓사초
꽃이 피고 지고 있네. 2015.5.6

뒤를 돌아보며 씨익 웃고 가는
멧돼지를 상상해본다. 2016.5.11

쉬고 있는 각다귀.
자고 있나? 배 아래 곤봉 같은
거 뭐지? 그 곤봉은 평균곤이다.
파리목 곤충에 있어서 뒷날개가
퇴화되어 생긴 돌기로 몸의 평행을
유지하는 역할을 한다.
2015.6.10

봄맞이
2012.5.2

버드나무에 어린 새 한 마리가
대롱대롱 매달려 죽어 있다.
새의 발은 줄로 묶여 있고,
그 줄이 나뭇가지에 감겨 있다.
황조롱이다. 어찌된 일인가?
신록이 한창인 새잎들 사이에
해괴한 죽음을 대하기가 낯설다.
2014.5.7

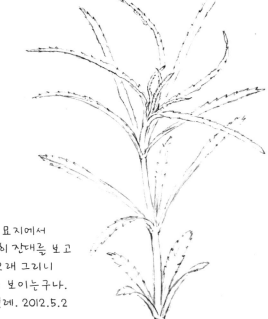

묘지에서
자세히 잔대를 보고
오래 그리니
너도 보이는구나.
애벌레. 2012.5.2

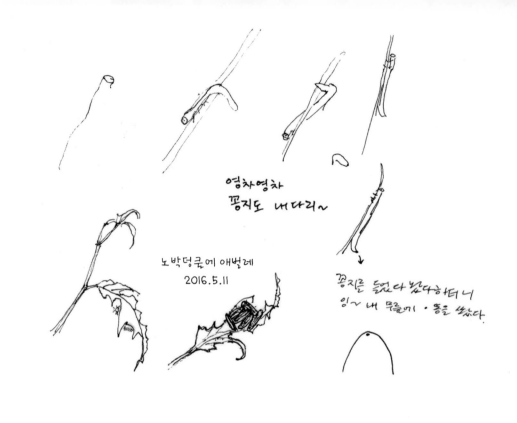

영차영차
꽁지도 내다리~

노박덩쿨에 애벌레
2016.5.11

꽁지를 들었다 보았다하더니
잉~ 내 몸뚱이 ·몽을 보았다.

버드나무가 베어진 곳에 햇볕이 드니
드디어 때가 왔다 하며 갈대가떼로 올라온다.
때는 떼를 부른다. 2016.5.10

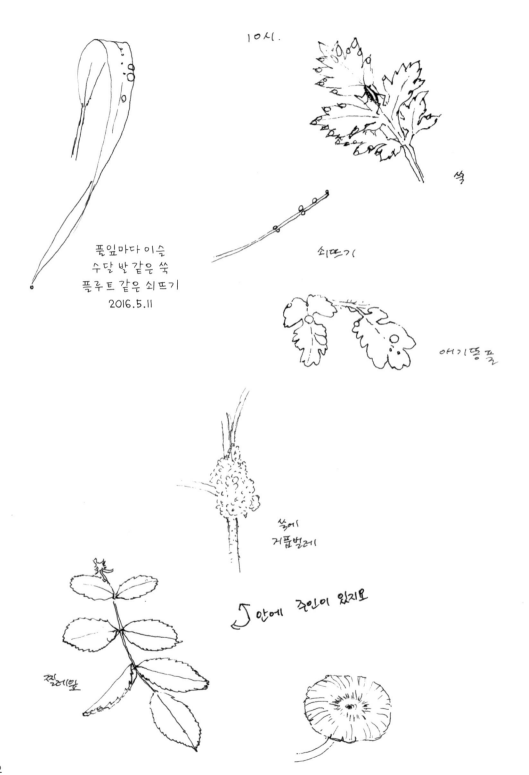

10시.

쑥

풀잎마다 이슬
수달 방 같은 쑥
플루트 같은 쇠뜨기
2016.5.11

쇠뜨기

애기땅풀

쑥에
거품벌레

↰ 안에 주인이 있지요

찔레잎

멧돼지 군?
식사를 하신 건가요?
놀다 가신 건가요?
어쨌든 신나게 있다 가셨군요.^^
2016.5.11

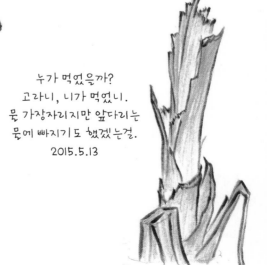

누가 먹었을까?
고라니, 니가 먹었니.
물 가장자리지만 앞다리는
물에 빠지기도 했겠는걸.
2015.5.13

우렁이 껍질이
여기저기에 빠개져 있다.
누가 했을까? 우렁이 속을 먹은 걸까?
물속에 우렁이가 많이 보인다. 4센티미터
정도 되는 우렁이 물 위에 떠 있다.
2015.5.13

찔레나무 충영(벌레집)
사람은 자기가 살 집을 만드는데
충영은 나무가 만들어 주네. 내 눈엔
진주처럼 예뻐 보이는데. 나무가
혹시 새에게 맛난 열매로 보이기
위해 이렇게 만들었나?
2015.5.27

내 별명은
토마토다.
밥 먹고 나면
빨개지고
햇볕에 조금만
있어도 빨개지고
쑥스러울 때 더
빨개지고…
이 곤충 이름이
뭔지 모르지만
너도 빨갛구나
참 색이 기묘하다.
2015.5.27

거미가 앞다리로
알을 감싸고 있다.
단풍잎돼지풀로
집을 만들어서
그 안에 있다.
2017.5.31

단풍잎돼지풀
2017.5.31

2015. 5. 29
옷만기
쓰러지
네

미국쑥부쟁이
2017.5.31

좀쌀풀
고라니가 윗동을 먹으니
새 줄기가 세 개나 나왔다.
2017.5.31

쑥
2017.5.31

고라니야 고마리는
왜 안 먹니?
(습지에 고마리가
많은데 새순을 뜯어
먹은 흔적을 보지
못했다.)

찔레꽃
작년에 가뭄을 견디어낸 찔레는
만발할 준비를 하고 있다.
2015.5.27

잎벌레가
가래나무 잎을 먹은 흔적.
애벌레들은 잎의
가장자리부터 먹는단다.
입 모양이 달라서 그런가?
2015.5.27

<비교>

어린 갈참나무잎 뒤에 쌍살벌이 집을 지었다.
입에 하얀 액을 물고 있다. 뭘까?
2017.5.31

긴알락꽃하늘소.
더듬이와 다리가 황갈색이면 암컷이란다.
습지 입구 패랭이꽃에 앉아 있다.
2015.5.27

산초나무에 붙은
애벌레를 보고 있는데
마른 싸리줄기 끝에
꽃등에가 앉았다.

날개가 보이지 않을 정도로
잠시 공중을 정지 비행하더니
싸리줄기 끝에 앉았다.
꽁지 쪽을 들썩들썩한다.

뒷다리로
배도 비비고 날개도 닦는다.
앞다리로 얼굴도 닦는다.
목욕중(?)

날개를 접었다.
마치 배드민턴 공 같다.
뒷다리로 날개를 닦는데
날개가 접혀지기도 한다.

뒤쪽에서 얘보다 덩치가 큰 등에가
지나가자 놀랐는지 '퐁' 날아갔다.
2006.5

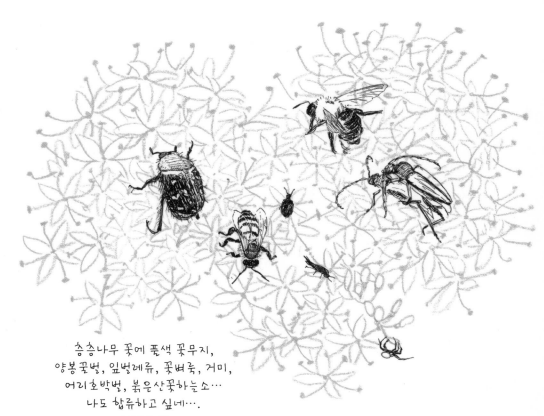

송송나무 꽃에 풀색 꽃무지,
양봉꿀벌, 잎벌레류, 꽃벼룩, 거미,
어리호박벌, 붉은산꽃하늘소…
나도 합류하고 싶네….
2016.5.18

봄 관찰하며 놀기 • 놀며 관찰하기

확대경으로 보는 세상
루페로 보면 예쁘고 신기하지 않은 게 없다.
나뭇잎 위에 무엇을 보고 있는 걸까?
남자 아이들이 방방 뛰는 것만
좋아하는 건 아님을 이럴 때 알 수 있다.
2006.5.18

아이들이 만든 새둥지
2013.4.22

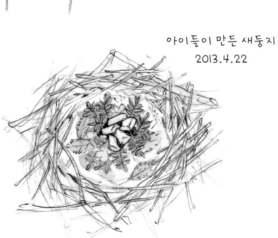

관찰용 망원경
필드스코프로 까치집을 맞춰놓고
보게 했더니 아이들이 모두
"우와. 신기하다."고 한다.

누가 누가 오래 손 담그나

아이들과 샘에 가니 손을 물에 먼저 담근다. (어른들은 쳐다만 봤을
텐데) "'누가 누가 오래 손 담그기' 시합해 볼까?"하니, "네~"하고
신나게 대답한다. 봄이지만 아직 물이 차가웠는데 남자아이들은
진즉 포기하고 여자아이 몇 명은 끝까지 버틴다. 찬물에 붓은 아이들의
손이 벌겋게 물에 익었다. 가방을 내려놓고 놀걸~. 2013.4.22

푸짐한 도시락
날이 따뜻해지면
도시락을 싸 온다.
우리의 함 셰프와
신 선생님의
푸짐한 도시락.
2014.4.18

습지와 교감

진관동 습지일기 첫날.
각자가 보고 느낀 만큼 쓰고
그린다. 습지의 생명과 더
진하게 교감하고 싶다.

오늘 본 것
긴알락꽃하늘소,
꽃등에, 고라니 똥
그리고 또….

돼지풀 뽑기

오늘 햇살이 초여름처럼 투명하게 내리쬔다.
이들은 습지 안에서 뭘 하고 있는 걸까? 환삼덩굴과 돼지풀이
유해하다고 열심히 그 싹을 쑥쑥 뽑고 있는 중이다.
(그 후 뭇자리 모임에서는 자연적인 변화를 두고 보는 것이
더 낫다고 생각하여 생태계 교란 식물이라고 해서 인위적으로
뽑거나 제거하지 않고 있다.) 2007.5.4

모니터링
간만에 김지석 선생님과 모니터링을 했다. 온도계로 물의 온도를 재고,
줄자로 물 높이도 재고 알 무더기를 세고 하였다. 수경 선생님이 멀리
있는 개구리 알의 종류를 알아보기 위해 한 몸 날리고 있다. 2010.4.5

3부

여름에 만난 습지

내 마음에 들려오는 빗소리

6월 "흥, 안 찍는다. 안 찍어"

  나뭇잎 수에 정비례하듯 곤충도 날로날로 늘어난다.
더듬이에 남색 털을 둘러싼 '남색초원하늘소'는 위아래로
한 쌍이 포개져 더운 이날 영화를 찍는 배우처럼
느껴진다. 길 가던 우리는 우연히 길거리에서 유명배우를
만난 듯 호들갑스러워진다.

  그러고는 돌아서서 가는데 '넓적배허리노린재'가 서로
꽁지를 맞대고, 머리는 서로 반대 방향을 한 채 사랑을
하고 있다. 마치 힘겨루기를 하는 듯하다.

  사랑법도 다양한데 아예 사랑은 요런 거라고 하트
모양을 만드는 녀석도 있으니 바로 '실잠자리'다.
참실잠자리가 둠벙 위에서 하늘거리며 하트를 '뿅뿅'
발사하더니 암컷이 물속 풀줄기에 알을 낳는다.

  봄 동안 꽃에 취하는 사이 풀숲은 어느덧 노린재
약충(불완전 변태를 하는 동물의 유충)의 놀이터가 된다.
'썩덩나무노린재' 약충은 양어깨에 톱날 같은 돌기가 있어
잘 알 수 있다. 그런데 다른 놈들은 그놈이 그놈 같아 볼
때마다 누구인지 아리송할 때가 다반사다.

  풀숲을 지나가다 '알락수염노린재'를 만났다. 사진을
찍으려고 가까이 가니, 잎 뒷면으로 쏙 숨는다. 잎을
돌리면 다시 뒤로 휙 돌아가 숨는다.

  "흥, 안 찍는다. 안 찍어."

  다시 풀에 앉은 노린재를 발견했는데 이놈은 그냥
아래로 뚝 떨어지고 만다. 하긴 자기보다 몇백 배 큰
짐승이 다가갔으니 얼마나 놀랐을꼬.

  노린재를 동정하기 위해 샬레(둥근 모양의 유리용기)나

한곳에 깃털이 많이
있었다. 왜?
긴 것과 짧은 것.
크기와 색깔로 봐서
멧비둘기 깃털 같다.
2006.6

에고 에고~
더워라.
2015.6.10

애기똥풀이 있던 자리에
속털개밀~ 그다음
누가 바통을 받을까?
2016.6.8

바람이 불어서 그러나
아님 쉴려고 그러나~
노린재가 신갈나무 잎 뒤에
(앉아?) 있다. 2006.6

속털개밀에
앉아 있는 가시노린재.
2016.6.8

마지막 허물을
벗고 있는 노린재
2016.6.13

채집통에 잡아서 관찰하기도 한다. 그러면 놔줄 때 방귀를 뿡~ 뀌고 가기도 한다. 짝을 찾을 때도 요~ 냄새로 뀌나?

잎벌레는 가래나무 잎을 먹고 또 먹어 가시(잎맥)만 남겨 놓았다.

"히우 히오~ 끄이~끄이 오 끼이~오"

아~ 이 소리 꾀꼬리다. 초록의 싱그러운 물결이 가슴에 들어오는 이 소리를 들으면 그 존재를 확인하고픈 마음이 왜 이렇게 간절해지는지. 눈을 이리저리 굴려 소리 나는 쪽으로 온 신경을 집중시킨다. 마치 사냥을 하듯.

이때 나무 사이로 꾀꼬리가 살짝살짝 보이다가 확 터진 하늘로 제트기처럼 날아가 버린다. 와~ 노란 손수건처럼 날아갔으면 하는 아쉬운 마음이지만 그래도 사냥을 성공한 것처럼 이미 모든 걸 얻은 느낌이다.

큰 둠벙 옆 풀숲에 발을 들여놓으니 귀여운 녀석들이 이리 뛰고 저리 뛰고 각자의 방향으로 줄행랑을 치느라 정신이 없다. 이제 막 어른이 된 한국산개구리와 북방산 개구리들인데 우리 발자국 소리에 놀란 것이다.

한편 참개구리가 갑자기 풀숲에서 둠벙으로 풍덩, 다른 쪽에서 또 한 마리가 풍덩 하고 빠지니 오히려 우리를 놀라게 한다.

배가 빨간 무당개구리는 여러 마리가 같이 보이는 경우가 많다. 물속에서 유유히 둥~둥 떠 있거나 얼굴만 물 밖으로 삐죽 내밀고 있다가 우리를 감지하면 헤엄쳐 물가 풀 속으로 들어가 버린다.

동네의 벚꽃이 봄바람에 눈처럼 아름답게 흩날려도 습지에 있는 벚나무에게 더 정이 든 것은 내가 벚나무를 먹어서이다. 벚나무가 나에게 밥이 되어 주었으니 어찌 데면데면할 수 있으랴. 버찌는 한 알 한 알 먹는 것보다 여러 알을 한 손 가득

모시금자라남생이잎벌레
황금색을 띤다.
풀에 앉아 있었다.
2016.6

고마로브집게벌레가
벚나무 잎 세 장으로 알집을
만들었다. 집게벌레는
나뭇잎으로 알집을 만드는데
두 장 이상을 사용해서 만든다고
한다. 만드는 모습을
직접 보다니, 행운이다.
2015.6.2

먹종다리
1센티미터도 안 되어 보이는… 작았다.
닭다리 같은 뒷다리가 인상적이었다.
더듬이가 참 길다. 2015.6.10

쥐똥나무에 나비가 앉아서 찍었는데
날아가 버려 사진에 나비가 나오지 않았다.
그런데 생각지도 못한 녀석이 찍혔다.
잠자고 있는 듯한 청개구리.
아구 귀여워라~ 낮잠 자는 아기처럼 귀엽다.
2015.6.10

습지 안 오른쪽 풀밭에 꿩 한 마리가 푸드득
날아 가기래 설마 하며 황급히 가보았다.
어머, 꿩 알이 일곱 개나 있다. 오래 보고
싶었지만 혹시라도 꿩이 다시 오지 않을까
걱정되어 사진 몇 장 후두둑 찍고 다시
황급히 떠났다. 꿩이 다시 오나 지켜봤으나
오지 않았다. 어미가 잘 품어 이곳에서
꺼벙이(꿩의 어린 새끼)들이 돌아다니면
얼마나 좋을까. 그런 마음에 우리는 한동안
그곳을 들여다보지 않았다. 보고 싶은 걸 꾹
참으면서.(둥지는 판판하고 회색 깃털이 있다.)
2016.6.8

따서 한꺼번에 먹는 게 맛있게 먹는 나만의 비법이다.
또 까맣게 익되 약간 쪼그라든 걸 먹으면 단맛은
보장된다.

그런데 눈앞에 있는 가지에서 따 먹는 버찌보다 손에
닿을 듯 말 듯 까치발을 하고 딴 버찌가 더 맛있는 건
무슨 심보인지 모르겠다. 한참을 먹고 고개를 드니
손이 미치지 못하는 곳에 버찌가 수두룩하다. 밤하늘에
별처럼 빛나 보이는 저것을 쳐다만 보는 것이 왜
이렇게 아쉬운지…. 내가 처음으로 새가 되고 싶다고
느낀 건 이때다. 이 가지 저 가지 다니며 저 위에 있는
버찌를 먹어보고 싶어서이다.

버찌 맛이 물릴 때쯤 친절하게도 앵두가 줄기마다
과하게 늘어지게 달린다. 껍질이 너무 연약해 마치
빨간 물방울 같은 앵두는 매년 맛나게 먹을 수는 없다.
한창 무르익을 때 비가 오면 정말 맛이 없어서 아쉽기
그지없을 때도 있다. 하지만 성희 선생님과 나는 먹는
것보다 사실 따는 게 더 좋다.

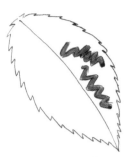

찔레 잎
누가 먹었을까?
잎마다 맛이 다르겠지!
맛있게 먹고 간다고
사인 하고 떠난 ㅇㅇㅇ.
나도 사인 해본다.
2015.6.10

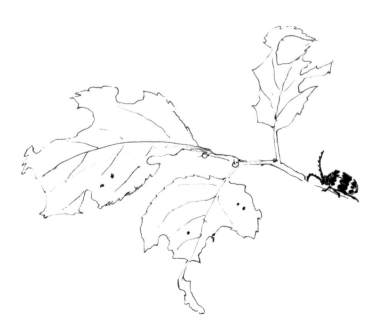

노박덩굴에 잎을
누가 야작야작
맛있게 먹었을까.
상아잎벌레가 보이니
너라고 추측하고
싶구나. 2016.6.1

68

뜨거워도 좋아~
개밀이 흔들려도 좋아~
사람들이 쳐다봐도 좋아~
요 녀석(배둥근노린재)들이 개밀에
유난히 많이 붙어 있구나. 2016.6.1

사위질빵은 잎자루를
덩굴손처럼 쓴단다. 송영을
보면 앎이 떠오른다. 6월
초쯤에 친구가 갑상선암
수술을 한다고 했는데… 내
몸속 어디 엔가도 있을…
은숙아~ 수술 잘돼서 잘
회복하길 바란다. 2016.6.1

내가 아는 분 중에 쌍둥이가 있다.
여느 부모가 그렇듯 어렸을 때부터
같은 옷을 똑같이 늘상 입었단다.
근데 정말 그게 싫었단다.
지나가는 사람들마다~ "어머~"
하며 쳐다보고 "쌍둥이니?" 하고
똑같은 질문을 계속 받는 것이.
그분 말을 듣고 아! 그럴 수도
있겠구나 했다. 젓가락나물인지
개구리자리인지~ 헷갈린다. 팁:
줄기에 털이 많은 게 젓가락나물.
2016.6.1

달뿌리풀을 타고
올라가는 인동덩굴
2016.6.8

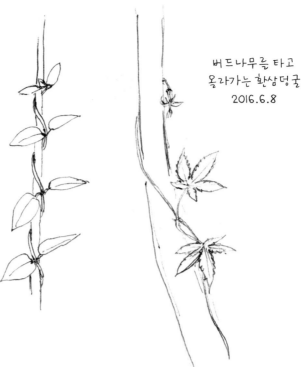

버드나무를 타고
올라가는 환삼덩굴
2016.6.8

어제하루 종일 비가 왔고 오늘 그쳤다.
벚나무 옆(30센티미터 떨어진 곳)
환삼덩굴 그늘아래. 갓 색이 붉은 갈색.
2006.6.15

버섯을 그리고 있는데 풍뎅이 한 마리가
날갯짓 몇 번 하고 앉기를 반복했다.
"왜 저러는 거야! 날아가려면 가구.
앉아 있으려면 앉아 있지. 왜 저리
안절부절 못하는 거야."
이상하게 생각하고 있는데 저 안쪽에 있는
며느리배꼽 잎에 한 쌍의 커플이 보였다.
"아! 그렇구나. 짝을 빼앗긴 슬픔의
몸짓이었구나." 헤매던 그놈은 마음을 이내
정리했는지 다른 곳으로 날아갔다.
2006.6.15

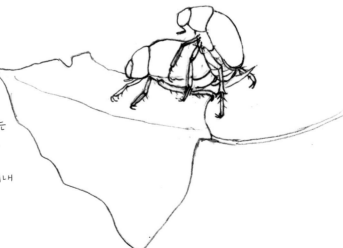

쩍쩍, 기운 없는 소리를 내는 큰오색딱따구리 소리가 들린다.
속털개밀이 퇴장준비를 하고 단풍잎돼지풀과 쑥 입장이요~
2016.6.22

나뭇이

└ 속털개밀.
(파죽우리잎까지
같이 왔어요~)

습지 안 그늘에서 자라는 파드득 나물.
잎을 좀 떼어 먹어 보니~ 캬~ 향 좋다.
일본 사람들이 이것을 개량해 만든
것이 참나물인데 파드득과는 다르단다.
근데… 왜 파드득(?)이라 했을까?
2016.6.29

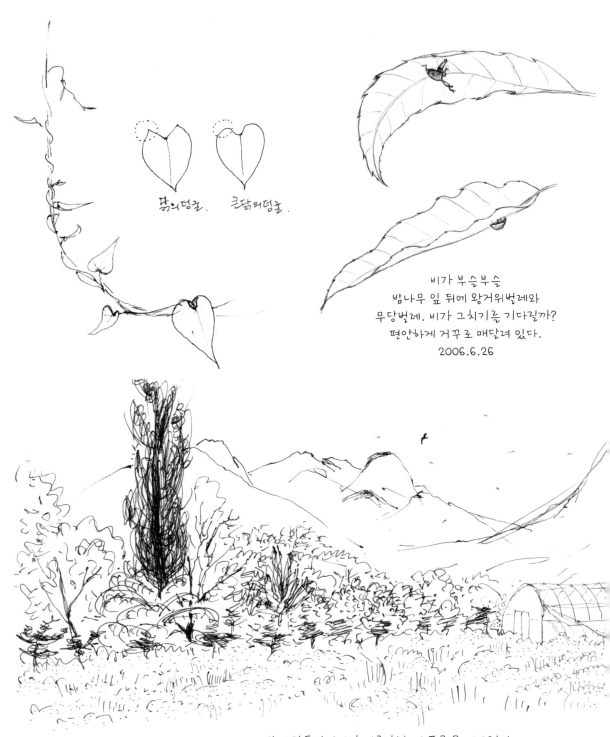

뭄의덩굴. 큰닭의덩굴.

비가 부슬부슬
밤나무 잎 뒤에 왕거위벌레와
무당벌레. 비가 그치기를 기다릴까?
편안하게 거꾸로 매달려 있다.
2006.6.26

벌써 깃동잠자리가 여름 하늘에 폭죽을 터트린다.
흐드러진 개망초에 눈을, 그 향기에 코를 빼앗긴다.
2016.6.29

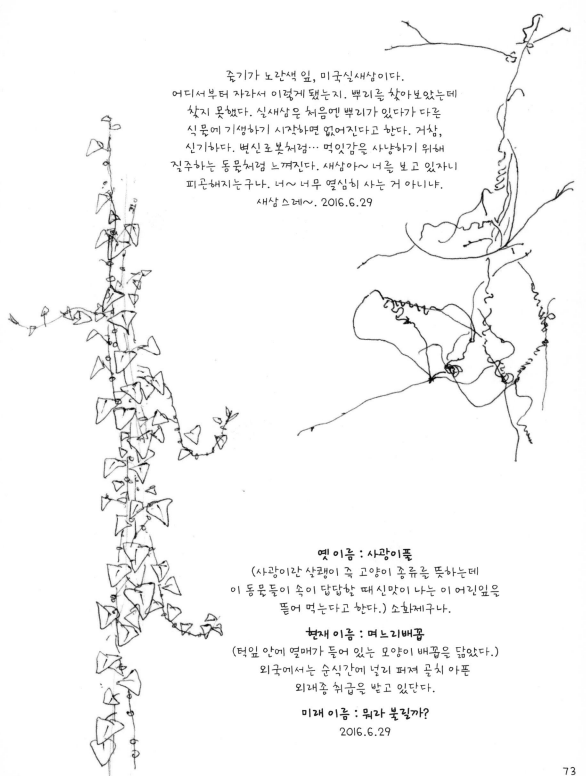

줄기가 노란색 잎, 미국실새삼이다.
어디서부터 자라서 이렇게 됐는지. 뿌리를 찾아보았는데
찾지 못했다. 실새삼은 처음엔 뿌리가 있다가 다른
식물에 기생하기 시작하면 없어진다고 한다. 거참,
신기하다. 변신 로봇처럼… 먹잇감을 사냥하기 위해
질주하는 동물처럼 느껴진다. 새삼아~ 너를 보고 있자니
피곤해지는구나. 너~ 너무 열심히 사는 거 아니냐.
새삼스레~. 2016.6.29

옛 이름 : 사광이풀
(사광이란 살쾡이 즉 고양이 종류를 뜻하는데
이 동물들이 속이 답답할 때 신맛이 나는 이 어린잎을
뜯어 먹는다고 한다.) 소화제구나.

현재 이름 : 며느리배꼽
(턱잎 안에 열매가 들어 있는 모양이 배꼽을 닮았다.)
외국에서는 순식간에 널리 퍼져 골치 아픈
외래종 취급을 받고 있단다.

미래 이름 : 뭐라 불릴까?
2016.6.29

지금 10센티미터,
8센티미터 굵이 두 개~.
입구와 숨구?
우리를 쳐다보는 두 눈?
이주일에 한 번씩 오는
우리들을 너희도 기다리니?
2016.6.29

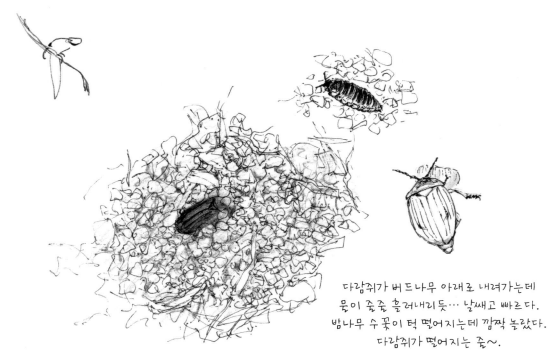

다람쥐가 버드나무 아래로 내려가는데
물이 쫌쫌 흘러내리듯… 날쌔고 빠르다.
밤나무 수꽃이 턱 떨어지는데 깜짝 놀랐다.
다람쥐가 떨어지는 줌~.

습지 바닥에서 큰넙적송장벌레를 발견했다.
땅속으로 파고들어 가버린다. 순식간에 안 보인다.
그 옆에는 애벌레가~ 암컷 송장벌레는 오동통한
애벌레를 먹고 있다. 2016.6.22

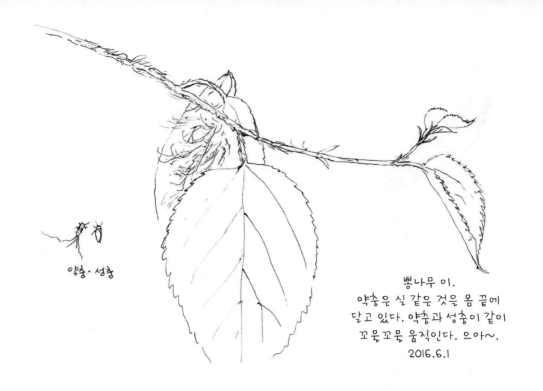

양충·성충

뽕나무 이.
약충은 실 같은 것을 몸 끝에
달고 있다. 약충과 성충이 같이
꼬물꼬물 움직인다. 으아~.
2016.6.1

닭의장풀 잎 위에
무당벌레붙이

닭의장풀 잎을 먹은
적갈색긴가슴잎벌레

단풍잎돼지풀 위에
흰줄바구미

십이흰점무당벌레

망초잎 위에
고마로브집게벌레
2016.6.2

뽕잎 뒤에
큰각시들명나방
날개가 투명하다.

쑥에
보날개풀잠자리(?)

얼룩장다리파리.
파리인데 요렇게 예쁠 수가.
습지에 아주 많이 보이는
녀석이다. 2016.6.29

가막사리에
여덟무늬알락나방
암컷

쑥에
쥐머리거품벌레

무당벌레 번데기 ♪

버드나무 잎 뒷면에
27개의 알을 낳은 노린재.
항아리 모양의 알이 곧 터질 듯.
2015.6.10

쥐똥나무 꽃이 진동할때
배추흰나비가 꽁지를 치켜든다.
수컷이 짝짓기를 하려 하자,
이미 짝짓기가 끝난 상태라
짝짓기를 거부하는 행동이란다.
그런 와중에도 열심히
꿀을 먹고 있는 암컷….
2015.6.10 습지입구에서

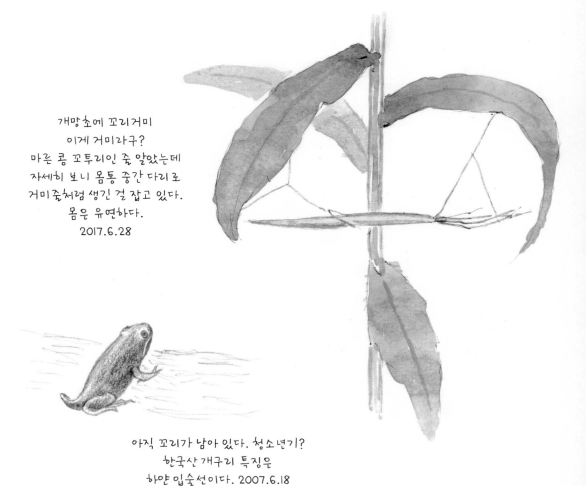

개망초에 꼬리거미
이게 거미라구?
마른 콩 꼬투리인 줄 알았는데
자세히 보니 몸통 중간 다리로
거미줄처럼 생긴 걸 잡고 있다.
몸은 유연하다.
2017.6.28

아직 꼬리가 남아 있다. 청소년기?
한국산 개구리 특징은
하얀 입술선이다. 2007.6.18

모르는 동식물을 도감을 통해 찾게 되면
기분이 참 좋다. 나에게 예외는 잠자리~.
'잠자리 생태도감'을 구입한 이후로
이상하게 흥미를 잃었다. 그런데 오랜만에
이 녀석을 찾아보니 참실잠자리 암컷이다.
유유자적 여유 있게 날아다니는 실잠자리.
마치 풀숲에 굵은 이불 바늘로 얼기설기
시침을 하는 것 같다. 2016.6.29

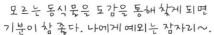

깃동잠자리
암컷

배치레 수컷

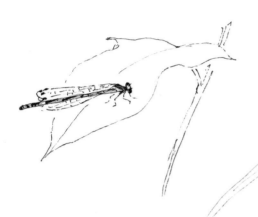

방울실잠자리 수컷
다리에 억세 보이는 털

큰광대노린재
성충과 약충들
2016.6.29

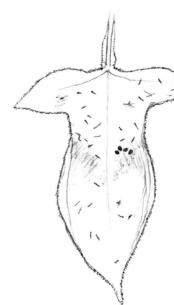

개망초 아랫집에
사는 고마리
자세히 보니
잎자루에 날개가
있다. 오래 보니
아기우주복을
입었다.
그럼! 넌 우주인?
2016.6.29

78

깃동잠자리 암컷
2007.6.22

잠자리 날개돋이 허물
물풀 잎 뒷면에 붙어 있었다.
2007.6.29

두점박이좀잠자리 수컷
미성숙. 2007.6.22

먹고살기 힘든 건 멧돼지도 마찬가지.
파헤쳐진 땅이 십자가처럼 보인다. 2016.6.27

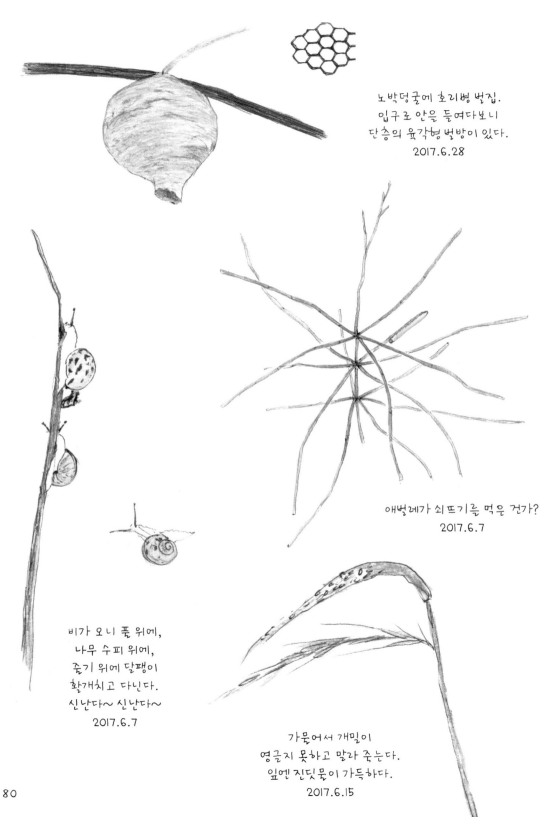

노박덩굴에 호리병 벌집.
입구로 안을 들여다보니
단층의 육각형 벌방이 있다.
2017.6.28

애벌레가 쇠뜨기를 먹은 건가?
2017.6.7

비가 오니 풀 위에,
나무 수피 위에,
줄기 위에 달팽이
활개치고 다닌다.
신난다~ 신난다~
2017.6.7

가물어서 개밀이
영글지 못하고 말라 죽는다.
잎엔 진딧물이 가득하다.
2017.6.15

비가 오니 거미가
잎 뒤에서 비를
피하고 있는 듯하다.
2017.6.7

버드나무잎 잎맥 중앙이
거뭇거뭇하길래 잎이 좀
병들었나보다 했다. 그런데
자세히 들여다보니 움직임이
살짝 느껴졌다. 어머머~ 애~
애벌레였다. "여기 봐봐~"라고
선생님들께 오라고 하고 선생님들이
가까이 오고 잎이 흔들리니 갑자기
몸을 세운다. 아이구 놀래라.
2017.6.7

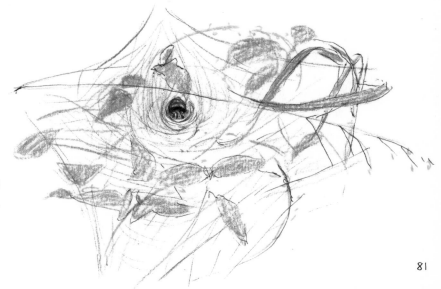

들풀거미
거미가 굴을 만들어
놓고 그 속에 있다.
거미다리가 몇 개
보인다. 2017.6.15

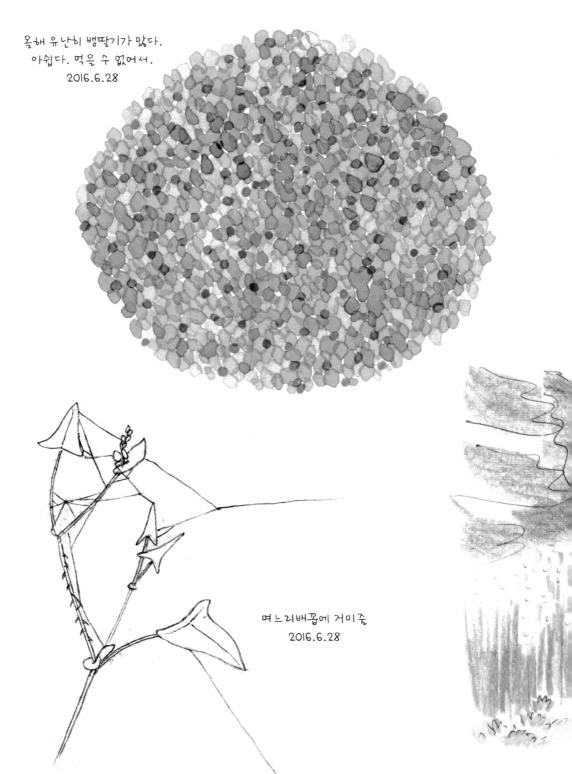

올해 유난히 뱀딸기가 많다.
아쉽다. 먹을 수 없어서.
2016.6.28

며느리배꼽에 거미줄
2016.6.28

2016. 6. 25
햇빛 가득한 습지 앞가 길가 그리고
복숭아나무와 미루나무 사이 빈터 에는
봄부터 하나둘 피기 시작한 개망초가
여름이면 무리가되어 장관을 이룬다.

꽃담을 이룬 개망초에 다가가면
꽃다발을 받은것 같은데 그 향기도
좋아 이 녀석을 좋아하는 곤충들이
식사하느라 바쁘다. 그런동안
변함없이 무리지어 있는 모습을
보았지만 습지안에서는 보지
못했다.

7월   내 마음에 들려오는 빗소리

　7월 중순부터 긴 장마가 오면 둥그런 몸매를 가진 그분이 오신다. 점점
사라져가서 우리의 관심을 가득 받는 멸종위기등급 2급인 맹꽁이다.
장마철이 되면 맹꽁이는 갑자기 생긴 웅덩이에도 알을 낳고 그 알은
올챙이가 되고 성체가 되기까지 한 달도 채 걸리지 않는다고 한다.
그리고는 장마도 가고 그분도 가실 때가 된다.

　우리는 여름내 맹꽁이 올챙이를 찾아보겠다고 물이 고여 있는 곳마다
기웃기웃거린다. 그때 이쪽 풀숲에서 '맹' 저쪽 풀숲에서 '꽁' 하기에 아주
조심조심 소리 나는 곳, 코앞까지 다가가면 맹꽁이는 합죽이가 된다. 오래
기다리면 다시 소리를 내는데 풀 사이사이 땅바닥을 아무리 쳐다봐도
보이지 않고, 급기야 풀숲을 헤쳐봐도 찾을 수 없었다.

　나는 습지를 13년 동안 다녀도 한 번을 못 봤는데, 주말농장 근처에
사시는 아저씨 말로는 밤에 맹꽁이 소리가 많이 난다고 한다. "나는 못 봐도
좋으니 올해도 찾아오고 내년에도 찾아오고 계속 쭈~욱 찾아와 줬으면
좋겠구나~"

　30도가 넘는 뜨거운 날씨로 맹꽁이 올챙이와 무당개구리 올챙이가
많았던 임시 웅덩이는 물이 바싹 말라 무덤으로 변하기도 한다. 임시
웅덩이에 청개구리도 작은 들깨만 하게 돌과 풀에 열 개 정도의 알을
붙여 놨다. 그런데 소금쟁이가 돌아다니니 걱정이다. "이 웅덩이도 마르면
어쩌나." 왜 이렇게 위태로운 곳에 알을 낳았는지 어미를 탓하면서,
옮겨줘야 하는 건 아닌지, 갈등이 생긴다.

　집중호우로 물길이 넘쳐 콸콸대고 풀들은 앞머리처럼 내려와 쓰러진다.
우리는 간신히 우산으로 얼굴만 가릴 뿐 바짓가랑이와 신발은 이미 다
젖었다. 나뭇잎에 떨어지는 빗소리, 나뭇가지에 떨어지는 빗소리, 돌에
떨어지는 빗소리, 흙에 떨어지는 빗소리 그리고 내 우산에 떨어지는
빗소리…. 이것이 하나가 되어 내 마음에 들려오는 빗소리.

비가 퍼붓는다. 두두둑 두두둑.
습지 한가운데 커다란 물줄기가 생겼다.
풀은 자세를 낮추고 태어난 그곳을 본다.
장마는 시련인가? 2011.7.12

난 이 빗소리가 너~어무 좋다. 그래서 내 별칭이
'소나기'이다. 그런데 이 비를 직박구리, 뱁새, 까치는 우산도
없이 온몸으로 맞을 텐데, 풀 뒤에 숨어 있던 무당벌레도
비바람에 잎이 뒤집어져 펄럭이면 놀랄 텐데….

내가 감상으로만 느끼는 빗소리에 그들의 간절한 삶의
소리까지 들린다. 빗소리는 각자의 삶에 충실한 살아 있는
소리요, 너도 견디고 있는 고마운 소리다.

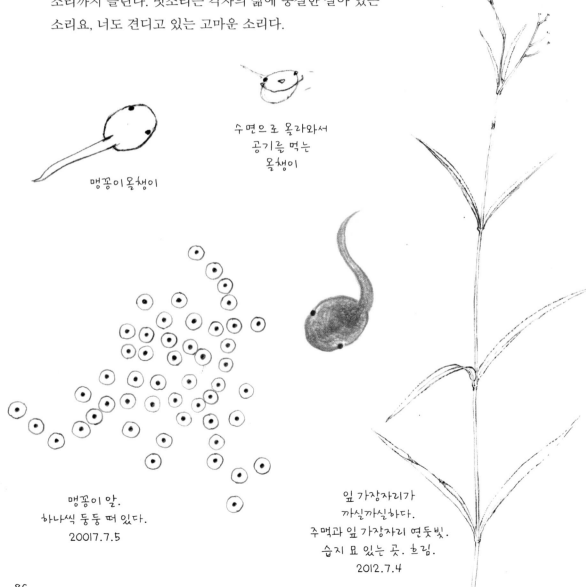

수면으로 올라와서
공기를 먹는
올챙이

맹꽁이올챙이

맹꽁이 알.
하나씩 둥둥 떠 있다.
20017.7.5

잎 가장자리가
까실까실하다.
주먹과 잎 가장자리 연둣빛.
습지 요 있는 곳. 흐림.
2012.7.4

나무가 되려는 듯한 단풍잎돼지풀
2016.7.6

호랑거미.
탈피를 막 했나 보다.
숙숙해 보이는 몸. 아직 마르지 않아
쭉 늘어져 있는 다리들.
위험할 수 있는 순간이다.
그러나 새에게 잡아먹힐까 봐,
탈피를 거부하면 어리석겠지.
(북한산성 입구 가는 길)
2015.7.5

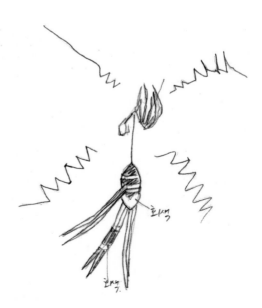

화색

화색.

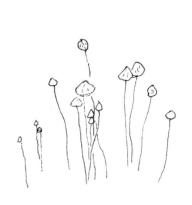

낙엽버섯류
줄기가 미끈미끈.
사방 1.5미터 정도
퍼져 있다.

죽은 버드나무에 노래기와
목이버섯 비슷한 버섯이 있다.
색깔은 크림색이다. 2016.7.6

고마리 밑에 무당개구리가 숨어 있다.
보물찾기에 보물을 찾은 것처럼 기쁘다.(찾았지롱)
고마리는 열무 물김치처럼 담궈져 있다.
2016.7.6

2016. 7. 6. 어제 비가 퍼부었다.
습지입구에 흙앙금과 잔가지가 계단을을 만들고
엉뚱한 물줄기가 생겼다. 매번 이쪽으로 흐르니 흙이 타고 돌려본다.

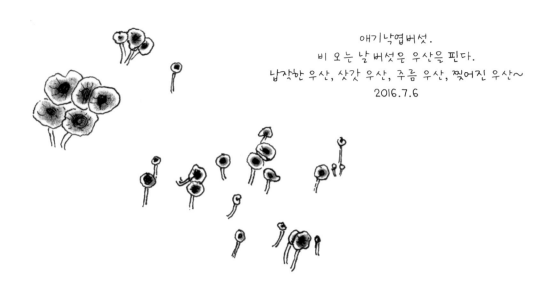

애기낙엽버섯.
비 오는 날 버섯은 우산을 핀다.
납작한 우산, 삿갓 우산, 주름 우산, 찢어진 우산~
2016.7.6

비에 떠내려온 비닐봉지.
무성했던 속털개밀은 전멸…
하지만 걱정 없다. 속털개밀은
이미 씨앗을 다 퍼뜨렸으니…
그럼 혹시 장마시기에 맞춰
그전에 다 생을 완성하려고 했나?
2016.7.6

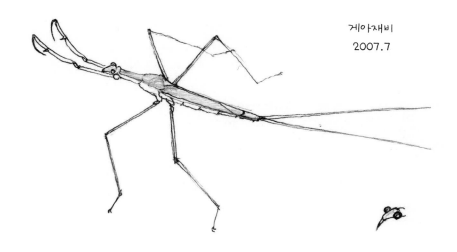

게아재비
2007.7

또아리물달팽이
2017.7.13

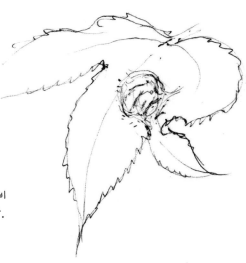

알을 등에 붙이고
다니는 물자라 수컷.
암컷이 하나하나 낳아 붙였을까?
한꺼번에 낳았을까? 포대기 없어도
잘 업고 다니는구나.
2017.7.13

단풍잎돼지풀에 3센티미터
정도 솜으로 싸여 있는 듯한
연노랑 알집.

털매미 쓰으~~
뱁새 쯔즈쯔즈~삐삐삐삐
까마귀 꽉꽉꽉 꽉꽉꽉.
2016.7.6

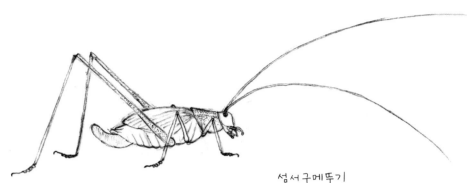

섬서구메뚜기
날개가 작은 것이 베짱이 종류 중에 약충이다.
다리 끝과 꽁지 끝에서 분비물이 한 방울씩 나온다.
2006.7

(뒷다리)

암컷이 수컷보다 월등히 크다.
밭 또는 평지의 풀밭에서 볼 수 있다.
뒷다리는 접고 있다. 2007.7

큰광대노린재 약충 (노린재과)
북한산 습지에 진형(딸)이와 함께 갔는데
진형이가 집에까지 데리고 왔다.
회양목에서 발견했고, 우리 언덕 있는 곳에
놔주려고 한다. 다른 선생님들께서
약충(아직 어린)이라 하셨다.
날지는 않고 열심히 걸어 다닌다.
반짝반짝 빛난다.
군청색 같아 보이기도 하고…
배가 빨갛다. 2005.7.27

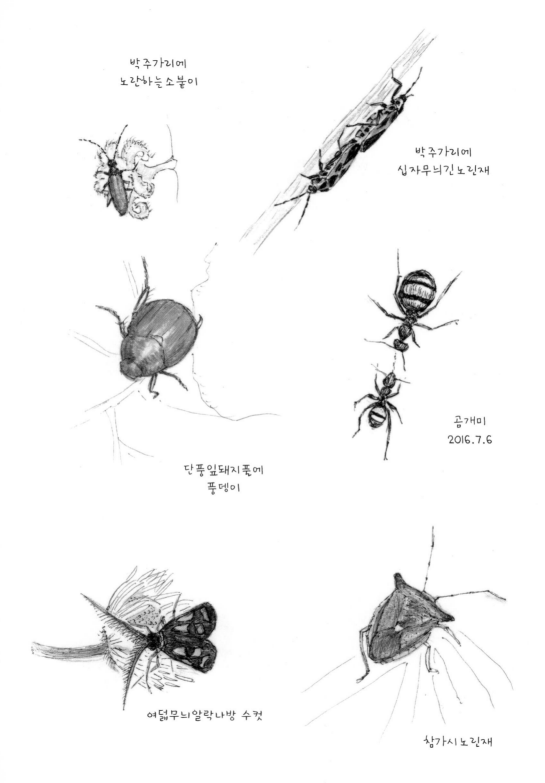

박주가리에
노란하늘소붙이

박주가리에
십자무늬긴노린재

곰개미
2016.7.6

단풍잎돼지풀에
풍뎅이

여덟무늬알락나방 수컷

참가시노린재

작은 우물에 뭔가가
있다. 도롱뇽이다.
다 크면 어찌 나올까?
개망초를 넣어 줄 테니
잘 부여잡고 나오렴.
2013.7.31

참개구리의 특징이 등에 또렷한 줄 세 개가
있는 건데 어릴 때도 보인다. 텃밭에 참외를
키울 때, 참외가 콩알보다 작을 때도
참외 줄이 있는 걸 보고 깜짝 놀랐던 때가
생각난다. 2008.7.24

무당개구리 올챙이
2008.7.24

여름철 길가에
갑자기 생긴 얕은 물
웅덩이에 새 발자국…
위태로운 개구리 알과
올챙이들. 2014.7.25

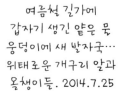

x

94

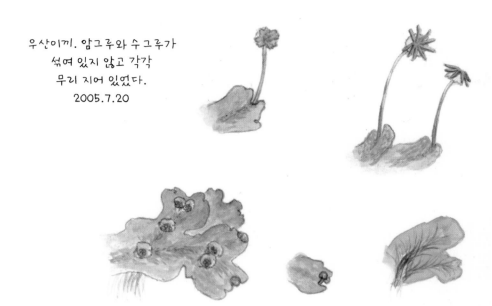

우산이끼. 암그루와 수그루가
섞여 있지 않고 각각
무리 지어 있었다.
2005.7.20

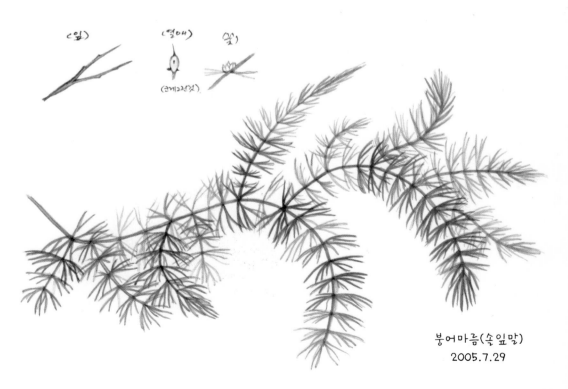

(잎)   (열매)   (꽃)

(줄기그린것)

붕어마름(솔잎말)
2005.7.29

8월   애매미는 "츠르~"
참매미는 "밈~밈~밈~"

　날이 갈수록 더워져 몸은 타고 기운은 녹아 없어진다.
나무에는 애매미가 "츠르~" 하며 길게 소리 빼며 울고, 참매미가
"밈~밈~밈~" 반복하며 울고 있다.
　둠벙에는 큰밀잠자리 암컷이 수면 위에 톡톡 떨어트리듯이
알을 낳느라 바쁘고, 다른 둠벙에서도 왕잠자리가 수면을 치듯 알
낳느라 역시 바쁘다.
　아무리 더워도 먹고살아야 되는 건 곤충들도 당연한 것이겠지.
나뭇잎을 갉아 먹고 있던 애벌레 뒤쪽으로 노린재가 다가가
애벌레에게 침을 박아 먹는다. "으~으."
　사마귀는 팔공산밑들이(메뚜기과)를 반쯤 먹다가 우리를
발견한다. 역삼각형의 얼굴을 로봇처럼 움직이고, 다른 곳으로
이동하려다 먹이를 떨어트렸다.
　아차~. 이럴 땐 사건 현장의 목격 증인이 된 것 같아 살짝 서늘한
느낌이다.

매미허물
다리로 풀잎을 꽉 쥐고 있었다.
2005.8.8

2016년 유난히 많이 보였던 것은 단연 '미국선녀벌레'이다.

습지에 있는 대부분의 나무와 풀을 가리지 않을 정도로 많이 붙어
있다. 줄기에 붙어 수액을 먹는데 얼마나 빨아 먹었는지 그 자리가
꺼멓게 될 정도다. 봄에 하얀 솜으로 덮여 있던 약충들이 줄기에 빼곡히
감싸고 있더니, 여름이 되자 성충으로 자라서 나무를 그을린 화재
잔해처럼 만들었다.

미국선녀벌레가 왜 이렇게 많아졌는지 모르지만 앞으로 지켜봐야
될 듯싶다. 예전에도 꽃매미가 갑자기 개체 수가 증가했는데, 이제는
조절이 되었기 때문이다.

꽃매미. 잘 뛴다.
눈 밑에 있는 굴색이 움직인다.
아래는 속 날개 모습.
2005.8.13

너구리 똥(?)
짐승의 똥만 봐도 반갑다.
어디로 갔을까? 또 오겠지?
2012.8.24

미꾸리
수많은 모기떼가 나를 반겼지만
반가운 녀석을 만났다.
깡 말라 있던 곳인데
어떻게 나타났는지 신기하다.
미꾸리는 기온이 낮거나 가물면
땅속으로 들어간다고 한다.
2017.8.18

먹이를 물고
새끼에게 가려다 저 곳에서
오랫동안 경계음을 낸다.
우리는 침입자다.
2013.8.8

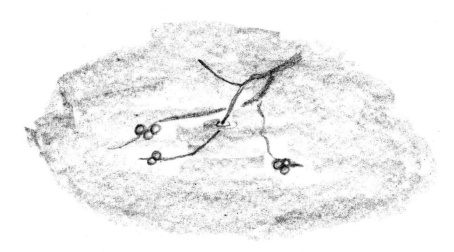

아주 작은 웅덩이
버려진 나뭇가지에
어미 개구리는 알을 낳았다.
여기서 어떻게 살아갈꼬.
2013.8.8

단풍나무에 현수막이 매달렸었는데
현수막은 떼어져 없고 줄이 나무 수피를
조이고 있다. 물자리 선생님들 여럿이 줄을
끊으려고 해도 쉽지 않다. 그냥 놔두면
목이 잘리듯 그렇게 잘릴 것 같아서…
나도 현수막을 몇 번 달아봤지만
이런 경우는 미처 생각지 못했다. 그동안
내가 달았던 현수막에는 분명 자연을
보호하자는 내용이 적혀 있었을 텐데
나머지 노끈은 깊이 박혀서 아예 빠지질
않는다. 노끈 자국이 선명히 박힌 나무를
보며 진짜 우리는 우리만 생각하고
사는구나 하는 생각을 새삼 한다.
2014.8.5

관 찰 하 며 놀 기 • 놀 며 관 찰 하 기

코뿔소 놀이
아까시 가시를 코에 붙이니
귀여운 코뿔소가 되었다.
2007.6.28

토끼풀 반지
다섯 살 아이들과 엄마들이
함께 습지 나들이를 왔다.
토끼풀 반지를 낀 고사리 같은 손.
2010.6.7

물 속에 있는 돌을 뒤집어 보니
종종종 걷는 하루살이 유충이 많다.
확대경으로 관찰하는 아이와
관찰하게 확대경을 잡아주는 아이.
2007.8

지난주에 이어
버찌를 따 먹느라 정신이 없다.
혀가 까맣게 될 정도로 먹었다.
2013.6.25

수희 선생님이
달뿌리풀에 앉아 있는
곤충을 찍고 있다.
2015.7.20

복숭아

복숭아가 크기 시작하면 우리는 얼마나 컸나 본다.
복숭아가 다 컸으면 언제 익나 눈독을 들인다.
그러나 다 익기를 기다리지 못하고 기어이 따고 만다.
벌레들이 다 먹기 전에 우리도 조금 맛을 보려고.

2011.7.12

헤쳐 보고, 뒤집어 보고
피라미 교실의 아이들은
창릉천에서 즐거운 시간을 보냈다.
피라미를 쫓고 갈대풀숲을
헤쳐 보고, 갈대로 만든
물레방아를 돌렸다.
2007.8

맹꽁이 찾아 맹맹
주말농장 아저씨들이 그러는데 맹꽁이 소리가 많이 난다고 하셨다.
여름이면 그리운 님을 그리듯 그 님을 찾아 맹꽁이를 만나겠다고
유성이랑 나는 혹시나 하는 마음에 자그마한 웅덩이에 있는 올챙이들을
보려고 했는데… 아쉽게도 맹꽁이 올챙이가 아니었다. 심증은 있는데
물증이 없으니, 맹꽁이 찾아 맹맹한다. 2013.7.31

4부

가을에 만난 습지

귀뚤 귀뜨르르~ 츠으 츠으~

9월   "도깨비 빤스는 튼튼하지요"

　살이 따끔거리는 햇살을 즐기듯 호랑나비는 큰 날개를 우아하게
휘젓고 날아간다. 주목나무 잎 사이엔 거미 새끼들이 바글바글하다.
'긴호랑거미'는 망사 옷에 달린 흰 지퍼를 채우고 해바라기를 하고 있는
듯하다. 어쩌면 풀 위에 앉아 있는 사마귀를 보고 있는지도 모르겠다.
뭔가를 찾아보겠다는 일념으로 보니까 보이지, 미동도 하지 않고 풀과
같은 연초록의 사마귀 몸 색은 정말 감쪽같다.

　그 옆에는 사마귀 허물이 있다. 방금 허물을 벗고 나와 몸을
말리고 있는 것 같다. 봄에 어린 사마귀들이 실같이 가냘픈 다리로
돌아다니더니 이렇게 살아남아 날 수 있게 컸다. 대견스러운 순간이다.
탈피한 순간을 대면할 때는 경건해진다. 내가 한 것은 아무것도
없으면서 함께한 듯한 느낌이 들고 흐뭇해진다. 낳아준 엄마도
아니면서 말이다. 사람에게 품는 마음이 있어서 그런가.

　지난밤 태풍에 쌍살벌 벌집이 잘려 간당간당 매달린 게 위태롭다.
그런데 무당거미집은 끄떡없다. 습지 안쪽까지
들어가려면 무당거미집 대여섯 채는 통과해야
한다. 집은 대궐처럼 크고 사대부 집처럼
으리으리하다. 사냥하는 공간과 사냥한 것을
보관하는 공간, 쉬는 공간이 구분되어 있는 3중
입체 조형물이다.

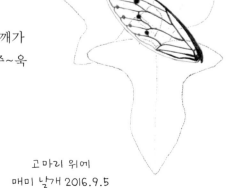

　이 집을 피하려다 1미터는 될 듯한 긴 줄에 어깨가
걸려서 떼어내는데, 그 탄력에 놀랐다. 손으로 쭈~욱
잡아당겨 봤는데 그 탱탱하고 질긴 것이 팔찌를
만들어도 되겠다 싶다.

고마리 위에
매미 날개 2016.9.5

두충나무.
아침, 저녁으로 날이 쌀랑하기는 하고…
이른 잎들은 하나둘 단풍이 들기 시작하는데
단풍들 호사마저 누리지 못하고 잎맥만이
남아 있구나. 누구에게 다 내어주었니?
2016.9.21

사데풀.
습지 밖 양지바른 곳에…
사데? 사데?
왜 이런 이름이 붙여졌을까?
사데? 사해? 모래?
2016.9.21

"도깨비 빤스는 튼튼하지요. 질기고도요 튼튼하지요"라는 노래가
있는데 아마 그 빤스는 무당거미줄로 만들었을 것이다.

짝짓기 때가 되면 황금 줄로 신혼 방을 만드니 참으로 신기하다.
여기저기 먹이가 걸려 있는 거미줄도 보인다. 거미줄에 먹이가 걸리면
테니스 코트의 볼보이처럼 잽싸게 빠르게 가서 거미줄로 뱅글뱅글
돌려놓는 것이다. 2016년 유난히 많이 만나서 반가웠다.

무성해진 풀숲을 거닐 때 뱀이 나올까 봐 성희 선생님은 나보고 "네가
앞장서라"고 한다. 이곳에서 뱀허물도 보고 조팝나무 위에서 쇠살모사가
몸을 말리고 있는 것도 본 적이 있다. 그러니 한 발을 풀 속에 쑤~욱
넣을 때 뱀이 쓰~윽 나타나는 상상을 하면, 발아래가 살짝 서늘하긴
하다.

허나 그런 기분은 아주 잠시다. 습지바닥을 가득 메운 무성한 고마리
잎 숲에 가녀린 고마리 꽃의 예쁨에 기분이 좋아진다. 소매 끝이
진분홍인 저고리와 녹색치마를 입은 아름다운 여인을 만난 듯하다. 물을
깨끗하게 해주는 고마운 풀이라 고마리라는 얘기도 있지만 어찌 고마운
것이 고마리에게만 있겠는가. 몰라서 그렇지 이 자리를 거쳐 간 모든
풀들에게도 고맙다고 말하고 싶다.

막바지 여름이 되면 우리는 습지로 들어가기 전에 무장을 한다. 긴
소매 긴 바지는 필수다. 깜박 잊고 반팔을 입고 왔으면 팔 토시라도
빌려서 팔에 끼어야 한다. 그리고 손수건으로 뒷목을 싸고, 모기퇴치제를
온몸에 칙칙 뿌려대면 이제 완전무장 끝이다. 그런데도 급한 모기 녀석이
벌써 몇 방을 물어버렸다. "으그~ 이놈."

여름 끝자락에 물려는 자와 물리지 않으려는 자의 실랑이는 계속되고,
결국 물리고 또 물리고 만다. "모기야~ 긁기 어려운 등 쪽과 긁기 민망한
엉덩이 쪽은 패스하면 안 되겠니?"

가래.
청솔모, 다람쥐, 곰,
산짐승의 먹이
2006.9

무당거미 암컷과 작은 수컷들.
어쩜 크기가 이렇게 비교되는지.
2016.9.21

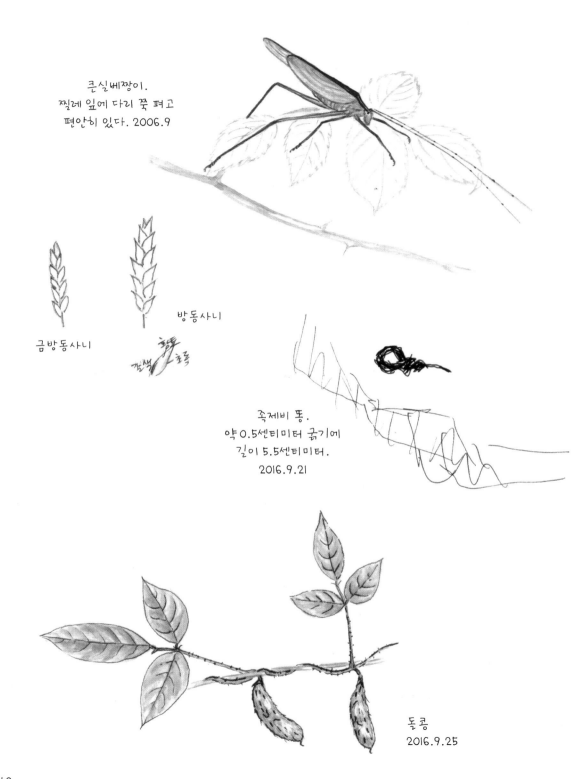

큰실베짱이.
찔레 잎에 다리 쭉 펴고
편안히 있다. 2006.9

금방동사니

방동사니

갈색

초록

족제비 똥.
약 0.5센티미터 굵기에
길이 5.5센티미터.
2016.9.21

돌콩
2016.9.25

썩덩나무 노린재 알.
솔잎 위에 하얀 알.
14개씩 2줄.
2015.9.25

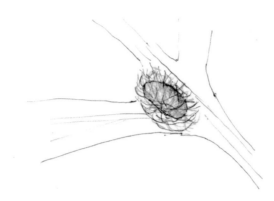

단풍잎돼지풀 잎 뒷면.
누구의 알집(?)
2015.9.25

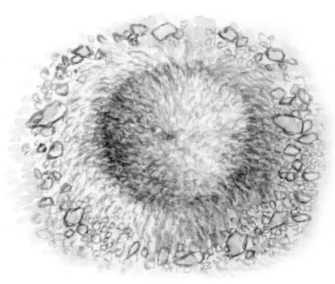

개미귀신(명주잠자리 애벌레)
땅비싸리 있는 곳에서 좀 더 올라가
오른쪽 나무판자 있는 곳.
판자 밑 그늘에 열 군데 넘게 있는
것을 정식이와 그 친구들이 보고
있었다. 개미귀신이 뒤로 걷는다.
2006.9.27

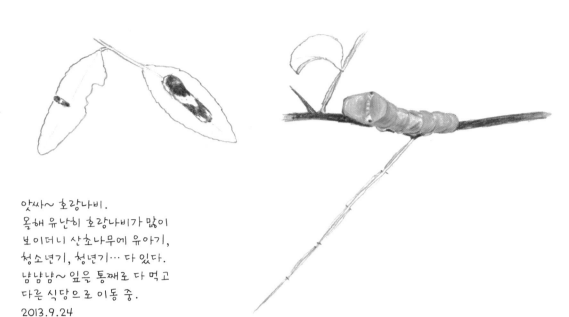

앗싸~ 호랑나비.
올해 유난히 호랑나비가 많이
보이더니 산초나무에 유아기,
청소년기, 청년기… 다 있다.
냠냠냠~ 잎은 통째로 다 먹고
다른 식당으로 이동 중.
2013.9.24

양지바른 풀
3센티미터 정도 되는
흰 털이(회색 빛도 좀 있는)
뽑힌 건지 뽑은 건지
알 수 없는…
10년을 넘게 이곳을 다녀가도
아는 것보다 모르는 게
더 많다는 것을
그것이 당연한 것을
또 당연하게 느끼고
누군가의 숨결이 느껴지는
흔적에, 생동감에
감사함을 느낀다.
2016.9.21

갈색날개매미충.
올해 유난히도 선녀벌레를 많이 봤는데
갈색날개매미충도 잘 보인다. 날개 색이 진한 것도
있고 옅은 것도 있다.

과수 농가에서 골칫거리중 하나가
갈색날개매미충이란다.
많은 과일을 얻기 위해 사과밭에는 사과나무만을
배 밭에는 배나무만을 심는데…
여러 종류의 나무를 다양하게 심으면 어떨까?
매미충의 피해를 덜 볼 수 있을까?
2016.9.21

개망초에 여덟혹먼지거미
거미줄 중앙에 일자로
먼지덩어리처럼 보이게
해놓고 그 위에 있어
위장한 요놈. 이쪽으로
저쪽으로 끝없이
실을 뽑아 집을 짓고는
또 먼지덩어리까지
참 열심히 사는구나~
무지무지 뜨거운 이날~
성실한 너의 모습에
먼지덩이가 느낌표로
보인다. 2016.5.18

미국자리공
나무 같은 줄기, 포도송이 같은 열매,
도라지같이 생긴 뿌리. 하지만 너를 보면
먼저 독이 생각난다. 그렇게 독이 있어도
죽어서는 땅을 기름지게 하다니
쓸모없는 존재는 없구나.
2017.9.27

주름조개풀

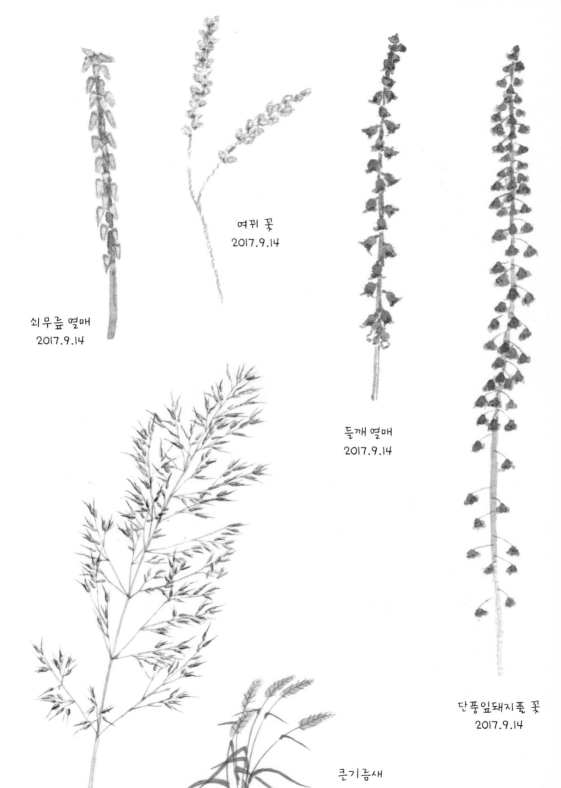

쇠무릎 열매
2017.9.14

여뀌 꽃
2017.9.14

들깨 열매
2017.9.14

단풍잎돼지풀 꽃
2017.9.14

큰기름새

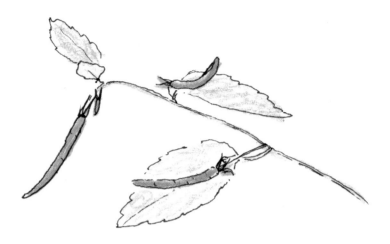

수까치깨.
이름이 열매 속에 깨와 같은 것이
많이 들어 있으나 사람은
먹지 않고 까치가 먹는 깨 같다고
붙여졌다고 한다.
2016.9.21

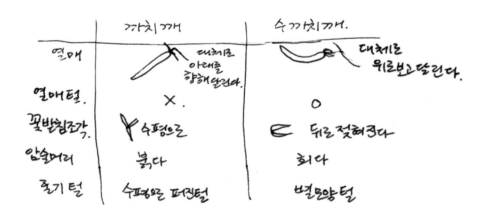

	까치깨	수까치깨.
열매	대체로 아래를 향해달린다.	대체로 위로보고달린다.
열매털.	X .	O
꽃받침조각.	수평으로	뒤로 젖혀진다
암술머리	붉다	희다
줄기털	수평으로 퍼진털	별모양털

미국가막사리 씨앗

새콩

망초 씨앗

펠릿
새가 열매를 먹고 게워낸 것.
새는 소화가 되지 않는 부분을
이렇게 입으로 다시 뱉는데
그것을 펠릿이라고 한다.

씨앗들의 가을 운동회가 열렸다.
종목 : 멀리 날아가기
방법 : 원하는 방법으로

선수 :
- **미국가막사리** "동물 털에 잘 달라붙는 가시가 있지."
- **망초** "바람을 이용해서 멀리 가야지."
- **새콩** "꼬투리를 돌돌 말아 씨앗을 멀리 튕겨야지."

과연 1등은 누구일까요?
내 바지에 붙어 파주 우리 집까지 온 미국가막사리?
하지만 어쩌냐 여긴 흙이 없네. 2016.9.27

10월   이만큼이 좋다

    언제 폭염과 열대야가 있었냐는 듯, 공기는 뽀송뽀송하고 하늘은 맑고
청명하다. 이 하늘을 수십 마리가 되는 '된장잠자리'가 헤엄쳐 다녀도 부딪쳐
떨어지는 놈이 없는 게 신기하다.
    풀숲도 바쁘긴 마찬가지다. 방아깨비는 사랑의 어부바를 하고 있고, 아직
애인을 만나지 못한 귀뚜라미와 줄베짱이, 검은다리실베짱이, 풀종다리는
각자의 사랑가를 부르느라 분주하다. "귀뚤~ 귀 뚜르르르…", "츠으~츠으~",
"찌르르…찌르르…", "사랑, 사랑 내 사랑이야~"
    오늘 인연을 만날지 알 수 없으나, 이 순간 오늘에 충실한 소리 아닌가.
    땅바닥에 메뚜기가 보인다. 앞가슴에 X자 무늬가 있다. 이 녀석이
'콩중이'였나. '팥중이'였나, 헷갈린다. 매번 확인을 해도 어쩜 매년 이맘때,
똑같은 질문을 하는지. 콩쥐와 팥쥐는 전혀 혼동되지 않는데 말이다.
    그런데 이런 녀석이 또 있다. 방동사니 얘들인데, 그 종류가 금방동사니,
방동사니, 알방동사니, 푸른방동사니, 참방동사니, 쇠방동사니가 있다. 구별이
쉽지 않아 매년 구분해 보고 지나면 또 잊어버린다.
    사실 잠자리도 그렇다. 우리 습지에 32종의 잠자리가 있는데, 내 앞에
가만히 앉아 있는 것도 아니고 '쑥쑥' 하고 날아가 버리니…. 이제는
동정(분류체계 중 생물계체의 위치를 밝히는 것)하기보다는 그냥
잠자리구나 한다. 그래도 이만큼이 좋다.
    가을 햇살 속에 벚잎의 화려한 변신은 봐도 봐도
마음을 적신다. 황혼녘의 노을처럼 이제 떠날
날을 예비하는 듯하다. 단풍에 취할 때 아차 싶어
달려가는 곳이 있으니 바로 풀명자 나무 아래다.

나방 유충
2016.10.5

가을…
멈추는 계절, 성장은 이제 그만
하늘로 올라가기 이제 그만
단풍잎돼지풀 대숲처럼 꼿꼿이 사방가지를 치며
빽빽이 습지를 점령할 듯하더니
너도 멈추고, 비바람에 쓰러지고 꺾이었구나…
10.5.

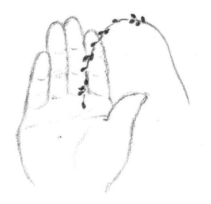

바보여뀌
2014.10.1

모과보다는 작아 아이들 주먹만 한 풀명자 열매는 향이 은은해서 집에 몇 개
가져가면 그만인데, 깜박 잊을 뻔했다. 그런데 해거리를 하는지 올해는 거의
없다. 없어도 되긴 하지만 그래도 없으니 아쉽다.

　나무는 슬슬 겨울 채비를 하려 하지만 아직 풀들은 무성하다. 돌콩이 작은
칡처럼 양지바른 풀숲을 점령하여 주렁주렁 열매를 맺고 있다. 쥐깨풀인지
들깨풀인지 이제는 아예 구분을 포기한 풀을 아래에서부터 위로 훑고는
코끝으로 가져가 본다. 콧속이 상큼하다. 그 옆에 꽃향유도 있다. 이 녀석은
너무 진해 손가락으로 살짝만 만져도 충분한 향을 준다.

수수꽃다리명나방.
하얀색 실크비단을 두르고,
순백색 더듬이는 정갈하기까지.
그린카펫을 밟고 공로상을
받으러 오는 것 같구나.
2016.10.5

쇠무릎에 돌콩에 애벌레에…
함께해서 더 좋은 계절 가을에…
2016.10.5

이건수묵담채 화가아니다.
미루선거별레때문인지 … 잎이겁게 타들어간 층층나무의 모습이다.
마치 불에 그을린듯 … 여름내내 나무의 소리없는 고통이 이제야
보인다. 2016.10.9

꼭두서니의 위력.
꼭두서니가 버드나무를 내 키보다 두 배는 넘게 타고 올라갔다.
줄기에 있는 잔가시의 위력이 환삼덩굴의 강한 가시보다 센 것 같다. 2016.10.5

완연한 가을에 들어서려나 보다.
습지 입구에 단풍잎돼지풀도 누우려 하고, 고마리도 누울
준비를… 큰듬성이삭새는 애초부터 누우려 했다.
빽빽했던 습지 바닥이 좀 한산해져 여유로워 보인다.
반면에 습지 공기는 늦털매미의 소리로 꽉꽉 들어찼다.

쓰스~ 쓰스~ 쓰스~ 쓰스~ 쓰스~

늦털매미가 쓰자와 스자를 다 먹어 치울 듯
계속 계속… 끊임없이… 계속….

습지 안쪽에서 노랑배진박새를 차두원 군이 보았다.
미조였는데 요즘 전국적으로 특히 남부지방에서 많이
보인단다. 오늘 되지빠귀, 노랑딱새, 흰배멧새 등을 보았다.
청딱따구리가 깩깩깩깩~ 깩깩깩깩~ 경계음을 낸다.

미루나무 꼭대기에
청딱따구리가
걸려 있네.
2016.10.5

산초나무 잎 뒤 회색빛 흑진주 같은 산제비나비 알.
머리를 살짝 건드렸더니 바로 뿔을 내뿜는다. 건들기만 해봐~
2013.10.10

두점박이좀잠자리
길가~ 비 고인 웅덩이
가장자리에 두점박이좀잠자리가
산란을 한다.
에구, 에구, 어쩌나.
너무 열심히 한다.
강한 볕에 웅덩이가
말라버릴 텐데,
산란이 성공적이지 못하다는
생각은 너무 인간적인 결론인가!

통~통~통~
암컷과 수컷이 나란히 붙어서
암컷이 물 가장자리 진흙에
보이지도 않는 아주 작은 알을
낳는다. 마치 스카이 콩콩을
뛰듯이. 초등학교 때 놀았던
기억이 난다. 난 운동신경이
둔해서 잘 못했다.
2016.10.5

뿔나비
죽어 있는 상태라 그런지
도감에 있는 옆모습과는
많이 다르다. 앞날개와
뒷날개가 많이 겹쳐 있다.

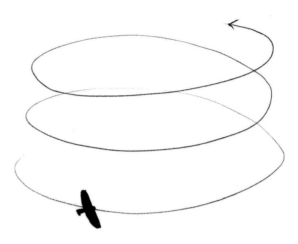

기류를 타볼까?
새는 능숙한 날갯짓을 멈추고
기류를 타고 올라간다.
유유히… 고요히
나도 잠시 멈추고 기류를 타본다.
나는 오히려 아래로 아래로 내려간다.
고요히… 2013.10.24

버드나무에 버섯
2016.10.25

며느리배꼽이 1층 버섯을
통과하고 2층 버섯을 뚫고
잘도, 잘도 올라갔다.
버섯이 먼저였을까?
며느리배꼽이 먼저였을까?
2016.10.25

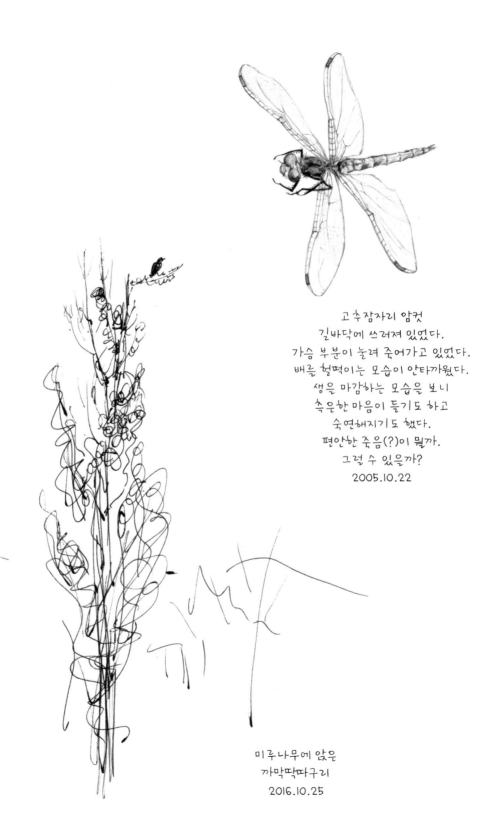

고추잠자리 암컷
길바닥에 쓰러져 있었다.
가슴 부분이 눌려 죽어가고 있었다.
배를 헐떡이는 모습이 안타까웠다.
생을 마감하는 모습을 보니
숙은한 마음이 들기도 하고
숙연해지기도 했다.
편안한 죽음(?)이 뭘까.
그럴 수 있을까?
2005.10.22

미류나무에 앉은
까막딱따구리
2016.10.25

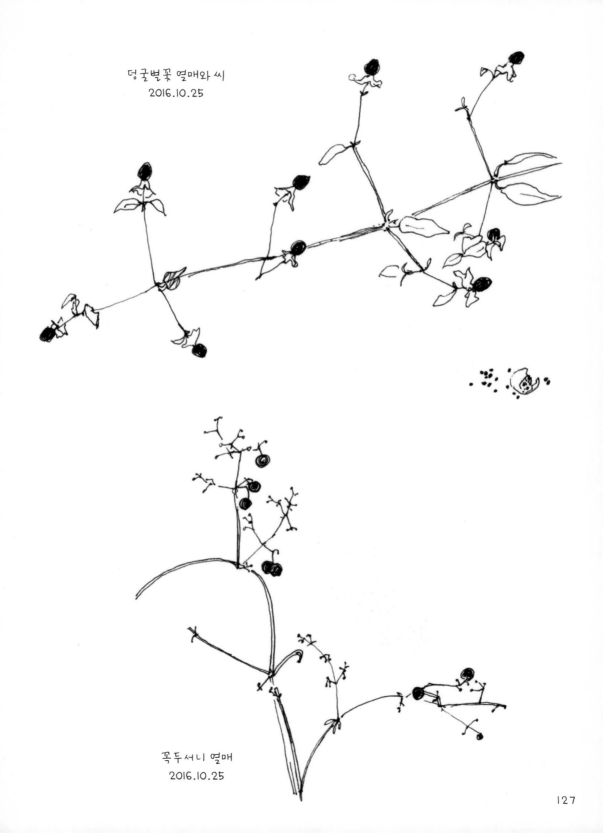

덩굴별꽃 열매와 씨
2016.10.25

꼭두서니 열매
2016.10.25

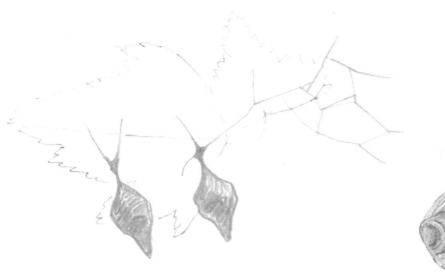

큰 새똥거미 알집
2013.10.10

큰새똥거미
그동안 알집만 보았는데 큰새똥거미를
처음 발견했다. 큰새똥거미는 알집에서 한 뼘 정도
떨어진 곳에 움직임 없이 가만히 있다. 2017.10.11

그 후로도 매주 봤는데 알집을 지키는지
항상 그 자리에 있다. 암컷보다 크기가 훨씬 작은
수컷을 찾아보려고 했지만 못 찾았다.

두더지 주검
두더지가 아무 상처도 없이
그냥 굳어 있다. 왜 죽었을까?
두더지만 그릴 땐 외로워
보였는데 풀과 작은 돌을
그리니… 친구들 품에서
잠들었겠다 싶다.
2006.10.12

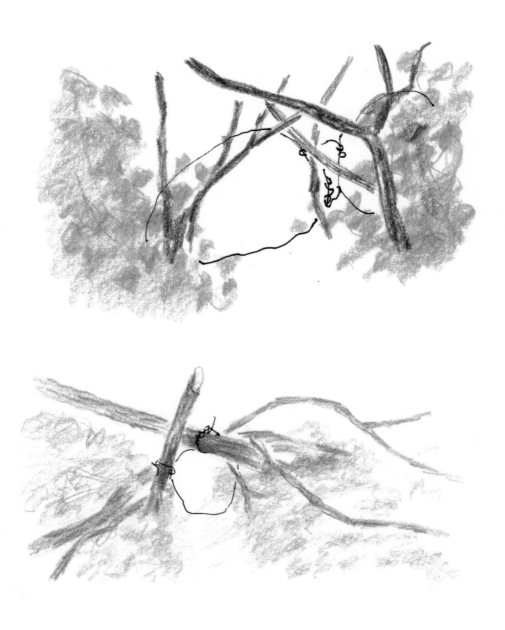

올무가 또 발견되었다.
인근 북한산성 분소에서 직원 네 명이 왔는데
이번 올무는 작고 허술해서 멧돼지를 잡으려 한 것
같지는 않고, 전문 밀렵꾼도 아닌 것 같다고 한다.
뭘 잡으려 했을까? 왜 잡으려 했을까?
2016.10.31

11월 　　단풍잎돼지풀은 어떻게 들어왔을까?

　가을이 자꾸 나에게 붙으려고 한다. 난 멧돼지 같은 털도 없고 고라니 같은 털도 없다. 그런데 바지 위에 붙고, 접은 바지 밑단에 쌓이고, 신발 끈에 붙고, 심지어 신발 속에도 들어온다. 누가? 미국가막사리, 쇠무릎, 미국개기장 같은 작은 풀씨들이다.

　풀씨는 습지를 한 바퀴 다 돌면 어느새 거의 떨어진다. 그런데 점심 먹는 식당에도 따라오고, 끈질긴 녀석은 같이 버스 타고 지하철 타고 파주 우리 집 거실까지 따라온다. 다른 나라 식물들이 어떻게 우리나라에 들어오는지 쉽게 알 수 있을 것 같다.

　북아메리카에서 들어온 '단풍잎돼지풀'. 2016년 유난히 맹위를 떨치고 자라서 습지 입구가 단풍잎돼지풀 숲인 것처럼 되었다. 사람들 눈에는 생태교란 식물로 미운털 박힌 녀석이지만 여름내 노린재와 다른 곤충의 놀이터였다. 더 자라고 싶어도 자랄 수 없는 겨울의 문턱에서 성장의 욕심은 멈춰 섰다. 비바람에 큰 키가 꺾이기도 하고, 마른 잎을 단 채로 시들고 있다.

　올해도 찾아온 겨울새 콩새가 단풍잎돼지풀 씨앗의 껍질을 벗겨서 먹고 있다. 예전에 박새도 맛있게 먹는 걸 봤다. "어머~ 이렇게 맛있는 걸 사람들이 왜 이렇게 싫어하지"라고 말하는 듯하다.

단풍잎돼지풀이 하늘에 낚시줄을 던졌다.
이날을 위해 봄부터 여린 싹으로 채비를
시작했다. 여름엔 선녀벌레의 맹공격에
잎이 검게 그을리기도 했고, 가을 ~~
많은 낚시대를 만들기 위해 쑥쑥 자랐다.
아무것도 없는 것 같은 허공에 던진 낚시줄에
고기가 다글다글 달릴 것이다.

2017.10.11

130

130

130

이질풀 씨앗
오~ 샹들리에~
오~ 샹들리에~
라라라~ 라라라~
2006.11

상수리 나뭇잎
벌레 혹 밤송이 같고
흰털이 빽빽이 나 있다.
2006. 11.7

열매는 다홍색. 열매가 까실까실하다.
줄기에 가시가 있다. 장미 잎과 비슷하나
더 작고 갸름하다. 찔레.

"단풍잎돼지풀 꽃가루가 알레르기와 피부병을 유발시키고 그 왕성한
번식에 우리 토종 식물들이 자랄 터전을 빼앗겨서 그렇지."라고 답하고
싶다.

한동안 습지에 조절이 되는 듯하더니 작년에 왜 유난히 많아진 걸까?
녀석을 먹는 동물과 곤충이 늘어나면 번식도 안정이 될 것이고, 결국
생태계가 균형이 맞춰질 테니 올해 또 지켜봐야겠다.

때까치가 겨울준비에 들어가기 위해 저장식품을 마련하였다. 개구리가
나뭇가지에 방아깨비가 명자나무 가지에 정교하게 꽂혀 있다. 요란한
드러밍 소리가 들리는 쪽을 보니 미루나무에 빨간 베레모를 쓴 것이
'까막딱따구리'다. 멀리서도 큰 머리가 잘 보이는데 사냥 중인 것 같다.

이제 막 겨울을 나려고 나무 수피 아래 이불을 덮은 벌레들을
잡아먹는가 보다. 환경부 멸종위기 야생동물 2급이라 그런지 특별히
관심이 간다.

때까치의
먹이 저장

나뭇가지 위쪽에
주로 앉아 있는 콩새들
2008.11.20

들고양이
개체 수가 많아진 들고양이가 다람쥐나 작은 새 등을 사냥하여
생태계 최상위 포식자로 생태계 폭군이라 불리고 있다.

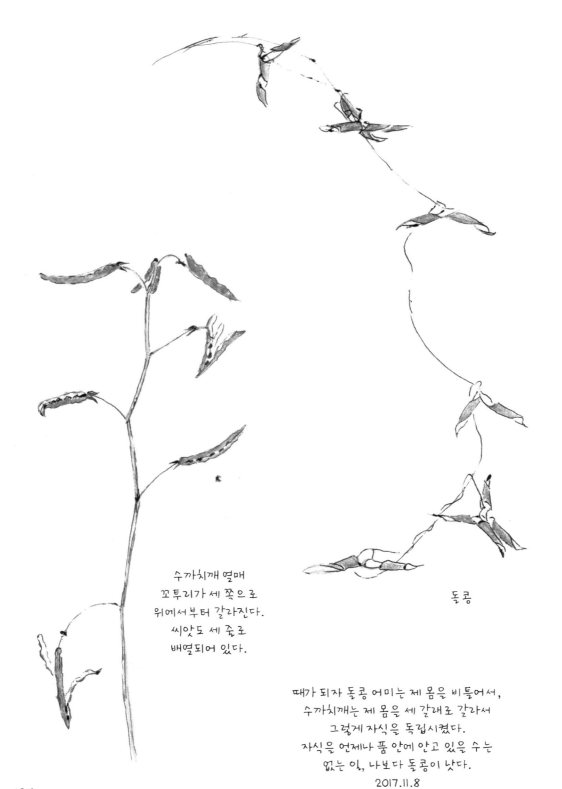

수까치깨 열매
꼬투리가 세 쪽으로
위에서부터 갈라진다.
씨앗도 세 줄로
배열되어 있다.

돌콩

때가 되자 돌콩 어미는 제 몸을 비틀어서,
수까치깨는 제 몸을 세 갈래로 갈라서
그렇게 자식을 독립시켰다.
자식을 언제나 품 안에 안고 있을 수는
없는 일, 나보다 돌콩이 낫다.
2017.11.8

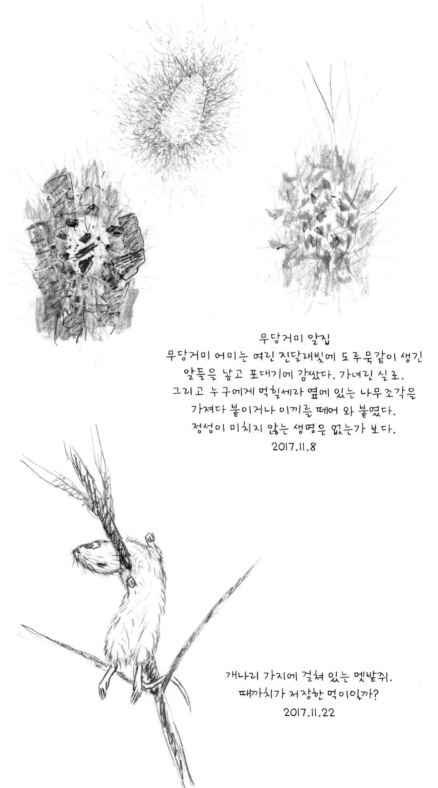

무당거미 알집
무당거미 어미는 여린 진달래빛에 도 루묵같이 생긴
알들을 낳고 포대기에 감쌌다. 가녀린 실로.
그리고 누구에게 먹힐세라 옆에 있는 나무조각을
가져다 붙이거나 이끼를 떼어 와 붙였다.
정성이 미치지 않는 생명은 없는가 보다.
2017.11.8

개나리 가지에 걸쳐 있는 멧밭쥐.
때까치가 저장한 먹이일까?
2017.11.22

가을 관 찰 하 며 놀 기 • 놀 며 관 찰 하 기

쉬 줄기 놀이
북한산초등학교 3학년 아이들과 쉬 줄기를 엮어
줄다리기를 시작했다. 두 편으로 나눠 비장한 각오로
시작했는데… 이런 수가, 시작하자마자 줄이 뚝 끊겼다.
힘도 못 써보고 말이다. 생 줄기여서 그런 것 같기도 하고,
줄 굵기에 비해 아이들이 너무 많아서 그런 것도 같다.
이에 아쉬운 우리 소녀 장사들이 다시 줄을 잡고 힘자랑을
한다고 난리였다. 이날 쉬 줄다리기, 쉬 림보, 쉬 줄넘기,
쉬 고무줄을 하니 전혀 칙칙하지 않았다. 2013.11.15

씨앗 놀이
따사로운 가을날
날개 달린 씨앗을 흉내 낸
종이를 날려본다.
씨앗과 함께 날아갈 듯한
아이들. 2006.10.27

함께해서 고마운 이들
이곳을 좋아하는 우리들. 자세히 보려 하고, 뭘까 검색해 보고
도감을 찾아보고 아이처럼 바랭이 우산을 만들어 보고 서로
다르지만 함께해서 고마운 이들. 2014.9.5

잠시 혼자 관찰을
하는 것도 좋다.
혼자 영화를 보는
것처럼. 2016.9

매번 궁금한게 많다. 집에 와서는 이내 잊어버리면서 말이다.
같이 궁금해하니 정답이 안 나와도 좋다. 2016.9

비와도 간다
겨울을 재촉하는 비가 온다. 기록을 담당하는
유성이가 열심이다. 동네친구가 비가 와도
가냐고 물어본다. 우린 비가 와도 눈이 와도
간다. 2016.11

• 5부 •

겨울에 만난 습지

2005.

그들이 우리에게 남긴 편지

12월 "오늘도 왔네, 뭣 좀 새로운 거 찾았어?"

어김없이 겨울이 왔고 콩새, 쑥새, 긴꼬리홍양진이, 큰부리밀화부리
등 겨울철새들이 습지에 찾아왔다. 바람 없고 청명한 겨울날, 이런
날을 매들이 좋아한다고 두원 군 말이 떨어지기도 전에 무섭게
하늘에서 매 같은 녀석이 큰 원을 그리며 빙글빙글 돌고 있다.

그때 청딱따구리가 "이런 날은 나도 좋아한다구요" 한다. 습지에서
자주 만나는 청딱따구리는 우리를 맞으며 "오늘도 왔네, 뭣 좀 새로운
거 찾았어?"라고 한다. 그리고 우리 뒤통수에 "다 부질없는 거야~
그래도 수고했어"라고도 한다. 내 귀에만 그렇게 들릴 뿐, 정작
청딱따구리는 그저 '히요 히요' 하는데 말이다.

저기 나무 꼭대기에 큰부리밀화부리가 앉아 있다. 겨울 일광욕을
하는 건지, 낮잠을 자는지, 나무 꼭대기에 앉아 있는 걸 자주 본다.
그에 반해 쑥새는 무리 지어 요리조리 다니기 바쁘다. 땅 위 풀씨를
먹다가 멀리 있는 우리에게 놀라 일제히 '후두둑 후두둑' 하며 주변
나무 위로 올라간다. 그 모습이 마치 우수수 떨어지는 낙엽 동영상을
뒤로 돌리는 것 같다.

덤불 속을 걸어 다니고 있는 노랑턱멧새도 보인다. 겨울에만
보여서 겨울철새인 줄 알았는데 여름에는 산 위에서 살고, 겨울에는
산 아래에서 사는 텃새였다.

이렇듯 겨울이 오면 그나마 나뭇잎이 없어 새 관찰을 하기 좋다.
하지만 그 또한 멀리 있고, 높이 있다.

동고비
가래나무 아래에 동고비 한 마리가
죽어 있다. 차가운 땅바닥에
싸늘한 공기에 둘러싸여.
죽음과 대면하는 것은 언제나
낯설다. 2015.12.21

북한산국립공원 사무소에서
무인카메라를 설치했다.
2017.12.14

북한 산성 1

생태계 변화관찰 모니터링 중입니다.
장비에 손대거나 다가서지 마세요

△ 국립공원관리공단

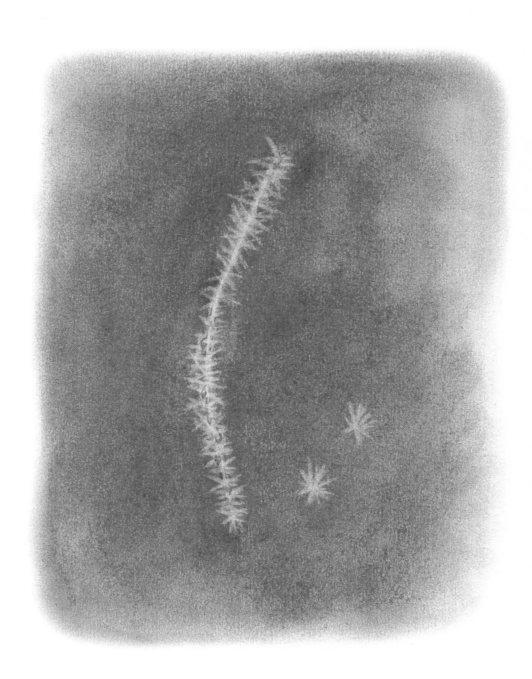

땅에 떨어진 버드나무 가지에 작은 돌 알갱이에 성에가 피었다.
겨울은 얼고 녹고 다시 얼고 녹고 하는 시간들이다.
2017.12.5

1월   그들이 우리에게 남긴 편지

간만에 눈이 펑펑 왔다. 습지로 가는 발걸음이 눈썰매장을 가는 아이처럼 설렌다. 누가 왔다 갔을지 궁금하다.

야생동물은 대부분 야행성이라 낮에 보기 어렵다. 하지만 마른 풀 사이에 한 움큼 있는 똥을 보고 알 수 있다. "아~ 고라니가 왔다 갔구나" 알 수 있고, 갈아엎어 놓은 땅을 보고 "아~ 멧돼지가 다녀갔구나" 알 수 있다.

우리 사이가 상사화처럼 만날 수 없지만 그들이 남긴 또렷한 흔적이 있으니, 바로 눈 위에 찍힌 발자국이다. 마치 발자국은 그들이 우리에게 남긴 편지 같고, 그 편지를 우리는 우리 마음대로 읽는다.

"세상에 멧토끼 발자국 좀 봐. 여기서 저기로 푹 뛰었나 봐. 두 마리인가~"

"어머 이 긴 줄은 뭐야. 꿩의 긴 꽁지줄이야?"

"새들이 여기서 반상회를 했나 봐~ 난리가 났었네."

우리도 그들에게 답장의 발자국을 습지에 남겼다.

몇 해 전에 무거운 눈을 견디지 못하고 그 굵은 소나무 가지가 찢어진 것을 봤다. 눈이 무서울 수도 있겠다는 생각을 처음 해봤다. 강원도의 산양들은 폭설에 갇히거나 눈에 덮여 사라진 먹이를 찾다가 탈진해 죽는 경우도 많다고 한다. 반면에 습지의 폭설은 거기에 견줘 위협적이지도 공격적이지도 않아 보인다. 허나 생명들에게 살아남기 위한 힘들고 혹독한 시기임은 같다.

까마귀 떼
까마귀들이 떼로 날아서
다른 새 한 마리를 쫓고는 저렇게
나뭇가지를 점령했다. 까마귀들에
쫓겨난 것은 바로 말똥가리.
까마귀 스무 마리가 단체로 덤비니
말똥가리도 어쩔 수 없었나 보다.
2010.1.22

고라니 똥
이렇게 뭉쳐 있는 똥도
고라니 똥이란다.
2013.1.31

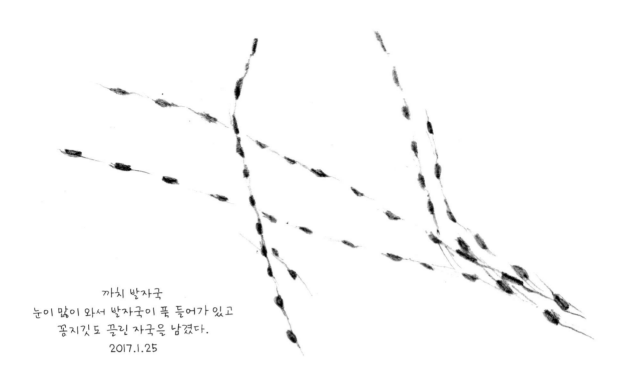

까치 발자국
눈이 많이 와서 발자국이 푹 들어가 있고
꽁지깃도 끌린 자국을 남겼다.
2017.1.25

꿩이 날 때 눈 위에 남겨진 날갯짓 흔적.
꿩은 먹이를 찾느라 분주했을까?
나는 먹고 싶은 걸 참기가 어려운데
너는 먹이를 찾기가 어렵구나.
2017.1.25

아래에서 본 모양

창릉천가 오리나무에
'유리산누에나방 고치'
기생벌에게 기생당한 것 같음
2007.1.17

밤나무

층층(上)   층층

쥐똥 층층

층층

밤나무(2)

쥐똥 쥐똥

쥐똥

층층   층층

버들

노박

쥐똥

버들

층층

단풍

들나무

인동   인동

쥐똥

습지 안으로 들어온 나무들
찔레, 조팝나무, 층층나무, 벚나무, 쥐똥나무,
단풍나무, 붉나무, 뽕나무, 국수나무,
복숭아나무, 밤나무, 인동덩굴, 등나무,
갯버들, 키버들, 노박덩굴, 노간주나무

2015.1

2월　　풀들에게서 느끼는 겨울의 포근함

　눈의 흔적이 없는 습지는 온통 연한 베이지 무리이다. 버드나무는 회갈색, 달부리풀은 황토색, 멧돼지가 갈아엎은 땅은 고동색이고, 이들을 바라보는 패딩(누비옷) 안에 내 살은 잘 어울리는 살구색이다.

　찬란했던 여름의 초록과 가을의 알록달록한 잎들의 종착역은 갈색인 것인가? 1.5미터 아래 습지 바닥을 오랫동안 쳐다본다. 찢긴 버드나무 가지에 달뿌리풀 줄기와 잎이 그리고 꼭두서니 가는 줄기, 큰듬성이삭새 줄기들이 얼기설기 편안히 누워 있다.

　이것들은 겨우내 열 없는 조명 같은 겨울빛과 차가운 눈으로 얼고 녹기를 반복하여 이제는 해탈한 듯 탈색된 색을 띤다. 잎 뒤가 회녹색이었던 버드나무 잎은 회색 빛으로 변해 "그래 이 빛이야" 한다.

　하늘과 땅 사이에 가득했던 그 잎은 다 여기 내려와 차곡차곡 쌓였는데, 부피감은 어디로 가 버리고 깊이감은 더한다. 나무가 잎을 다 떨구고 앙상하고 쓸쓸할 때 풀들은 선채로 말라 무리를 이루고 있다.

　달뿌리풀은 그 머리로 버드나무의 쓸쓸함을 빨아들이듯 요처럼 깔려 있다. 그리고 주말농장에서는 흰명아주 무리가 포근한 털처럼, 미국개기장은 안개와 솜사탕처럼 무리 지어 있다. 눈 없는 겨울, 겨울의 포근함을 이 풀들에게서 느낀다.

끊어진 미루나무 가지가
위에 매달려 있다. 2017.2

내 눈을 현란하게 유혹하는 것들이 없는 겨울 습지는 다양한 곤충들이 지냈던 모습을 더듬게 한다. 작년에 유난히 많았던 무당거미는 알을 낳았을 텐데…. 어디에 낳은 건지, 그전에 습지를 한 바퀴 돌아도 이번에 습지를 한 바퀴 돌아도 도통 찾을 수가 없다.

대신 눈에 들어오는 건 단풍잎돼지풀에 붙어 있는 노랑쐐기나방 고치이다. 네발나비는 성체도 동면을 한다는데, 노린재도 성충으로 동면을 한다는데…, 어디에서 자고 있는가? 잎 아래에 있는지, 땅속에 있는지, 나무속에 있는지, 줄기 속에 있는지, 보이지 않으니 알 수 없다.

관심이 많은 것을 보게 되지만 보이는 것만큼 보는 게 습지니. 없는 것이 아니라 내 눈에 보이지 않는 것이니, 그래서 매주 습지에 오는 것이 새롭다.

예전에 큰 둠벙이었던 이곳은
물은 없지만 달뿌리풀이
군락을 이룬다. 어두운 저 속에서
멧돼지가 나올 듯~ 2017.2

호리병벌집
구멍이 두 군데로 되어 있는 집은
처음 발견했다. 크기는 애호리병벌집보다
두 배 되는 듯하다. 2017.2.1

쓰러진 붉나무
작년에 붉나무가 쓰러졌다.
붉나무는 산자락 양지바른 곳을 좋아하는데,
자리 잡은 터가 물 옆이라 힘들었을까?
아니면 원래 빨리 자라고 수명이 길지 않아
그저 생을 다한 걸까? 서서 살았던 세월만큼
누워서도 살까? 2017.2.1

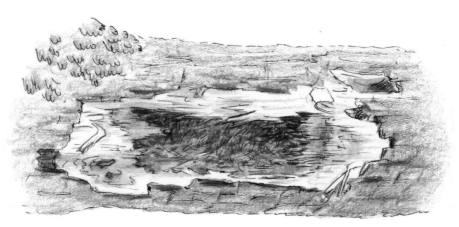

버드나무 안 솜털
쓰러진 버드나무 안에 보드라운 솜털 같은 나무 살이 만져진다.
누가 이렇게 만들었을까? 그 따스함이 손끝의 지문처럼 남는다.
1번 주자 ─〉 뚫는다.
2번 주자 ─〉 파헤친다.
3번 주자 ─〉 잘게 부순다.
4번 주자 ─〉 더 잘게 부순다.
5번 주자 ─〉 나. 부순 걸 만진다.
2017.2.1

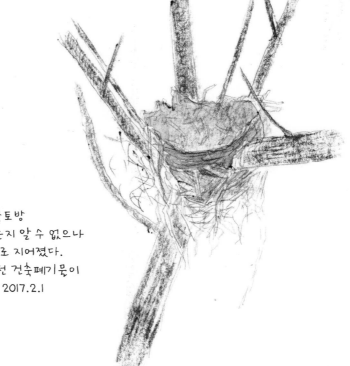

황토방
언제 건축했는지 알 수 없으나
황토방으로 지어졌다.
자연에 있어선 건축폐기물이
없다. 2017.2.1

봄을 기다리는
버드나무 겨울눈
2017.2

습지 왼쪽, 두충나무
있는 곳. 어린 층층나무.
2017.2

멧토끼 발자국
2016.2.22

오늘은 들어가 보지 않은 습지 안쪽을 들어가 봤다.
찢겨 쓰러진 나무를 보니, 겨울의 썰렁함이 더해진다.
나무가 쓰러지는 것은 당연한데…
2017.2.1

새발자국
누구의 발자국일까? 참새는 두 발을 모아
깡총깡총 뛰면서 걷고 멧비둘기는 한 발씩 걷고
까치는 한 발씩 걷기도 하고 두 발 모아 뛰기도 한다.
발자국이 일렬로 되어 있으니 한 발씩 걸은 것 같은데
누구 발자국인지는 모르겠다. 2016.2.22

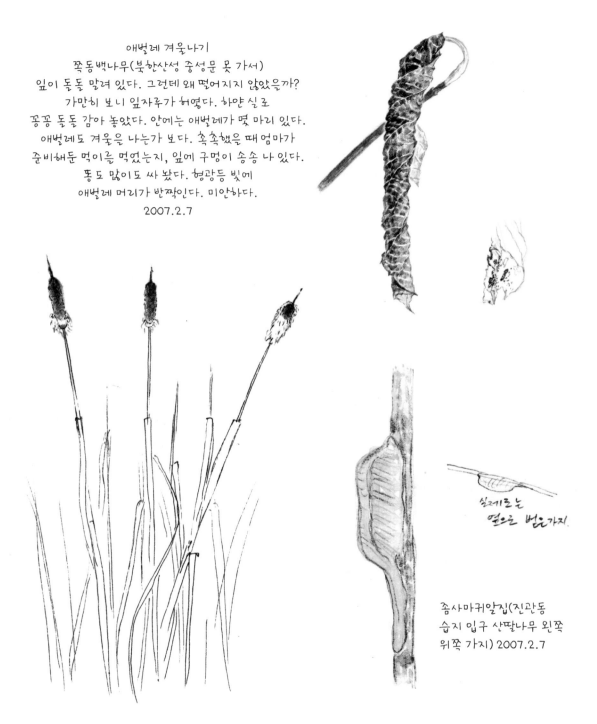

애벌레 겨울나기
쪽동백나무(북한산성 중성문 못 가서)
잎이 돌돌 말려 있다. 그런데 왜 떨어지지 않았을까?
가만히 보니 잎자루가 허옇다. 하얀 실로
꽁꽁 돌돌 감아 놓았다. 안에는 애벌레가 몇 마리 있다.
애벌레도 겨울을 나는가 보다. 속속했을 때 엄마가
준비해둔 먹이를 먹었는지, 잎에 구멍이 송송 나 있다.
똥도 많이도 싸 놨다. 형광등 빛에
애벌레 머리가 반짝인다. 미안하다.
2007.2.7

실제로는
열은 벚은가지.

좀사마귀알집(진관동
습지 입구 산딸나무 왼쪽
위쪽 가지) 2007.2.7

쓰러진 부들 하나까지 합해 습지에서 네 개의 부들 발견. 반갑다. 부들아~
부들부들. 얼마나 털이 고운지 솜사탕 같고 애기 엉덩이 살 같다.
이전에는 하우스 오른쪽 둠벙에 부들이 많았는데
흙으로 메워지고 나서 부들이 보이지 않았다. 2017.2.1

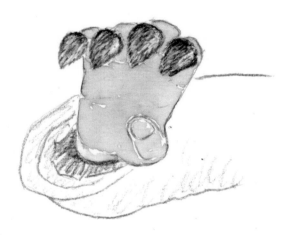

곰발바닥 놀이
목련나무 밑에 겨울 눈을
싸고 있던 껍질들이 잔뜩
떨어져 있다.
두꺼운 털옷껍질을 끼워
곰발바닥 놀이를 했다.
"어허~" 이제 버드나무 샘이
싸인펜으로 쓰윽~하니
손가락 인형으로 변신~
2013.2.2

6부

돌아봄

열세 번의 봄을 맞이하고
열세 번의 여름을 더워하면서
열세 번의 단풍을 즐기고
열세 번의 겨울에 봄을 움츠렸다.
그런데도 같은 계절이 한 번도 없었듯이
습지도 매번 다른 모습이었다.

2017. 3. 15

13년 동안 변화된 습지

2005년부터 습지 자원활동가로 활동하기 시작했으니 어언 횟수가 13년째로 접어들고 있다. 그동안 큰 변화는 습지에 버드나무가 많아진 것이다. 버드나무는 많아지기는 하였지만 잘 쓰러지고 꺾여서 죽은 나무도 많아 버드나무 수가 계속 느는 것은 아닌 것 같다.

지난겨울에 습지 안에 들어온 다른 나무를 살펴봤다. 제법 자란 나무로는 붉나무, 찔레, 조팝나무가 꼽힌다. 찔레는 물 가장자리에 담을 치듯 자리를 잘 잡아 자라고, 습지 중간에도 드문드문 잘 자라고 있다. 어린 나무로는 쥐똥, 층층, 밤, 붉, 중국단풍, 벚, 뽕, 국수, 복숭아, 갯버들, 키버들과 인동덩굴, 노박덩굴이 들어왔다. 그중에서 쥐똥나무가 약 25그루로 가장 많고 그다음으로 벚나무가 8그루, 층층나무가 7그루 자라고 있다. 버드나무가 많아지면 습지가 육화될 가능성이 많다고 하는데, 다양한 어린나무가 그것을 예견하는 것 같기도 하다.

습지 옆 조경수로 가득 심어진 소나무. 그런데 습지 안에서 어린 소나무는 하나도 발견되지 않은 걸 보면 싹이 틀 조건은 아닌가 보다. 버드나무 수가 늘어난 것에 반해 부들 수는 아쉽게 많이 줄었다. 큰 둠벙이 흙으로 메워진 이유도 있겠지만 전반적으로 습지의 수심이 얕아져서 깊은 물을 좋아하는 부들이 습지의 한 곳에서만 명맥을 유지하고 있다. 부들이 있던 자리에는 갈대와 달뿌리풀이 차지해 자라고 있다.

물이 줄어든 이유는 습지 위쪽이 주말농장으로 바뀌면서 큰 영향을 준 것 같다. 물이 흐르던 곳의 수량은 줄어들었고, 말라버린 곳도 있고, 물의 흐름이 바뀐 곳도 있다. 최근 몇 년 동안 봄 가뭄과 여름의 마른장마, 눈이 많이 오지 않는 겨울 등 알 수 없는 기상 이변들도 영향을 주었을 것이다.

도롱뇽이 있던 곳인데
점점 빨래터가 되어가는
듯하다. 2014.7.25

봄이 왔건만 샘은 말랐다.
2015.2.26

주변에 풀들은
무성해졌지만
샘은 바짝 말라 조만간
사라질 듯 보인다.
2015.8.13

먼저 보이는 북한산은 그대로인 것 같은데 습지는 13년 동안 변화가 있었다.
언덕 사이 계곡 아래에 있는 이 땅은 물이 많았던 곳으로 사람들이 예전부터 논농사를
지었다. 그리곤 언젠가부터 짓지 않게 된 이후 자연스럽게 습지가 되었다. 2005

습지에 물을 좋아하는 버드나무가 많이 들어와 자라고 있다. 2007

습지엔 어느새 버드나무가 빼곡하게 살고 있고 갈대와 달뿌리풀도 이곳저곳에 자리를
차지하고 무리를 이루고 있다. 2010

이젠 버드나무 키가 훌쩍 커버려 북한산 능선이 안 보일 정도다. 버드나무 수도 많아졌는데
쓰러지거나 죽어가는 버드나무도 많아서 그 수가 한정 없이 느는 것 같지는 않다.
오히려 어린 버드나무는 보이지 않고 쥐똥나무와 찔레 등 다른 나무 종들이 들어와 자란다. 2016

열세 번의 봄을 맞이하고 열세 번의 여름을 더워하면서 열세 번의
단풍을 즐기고 열세 번의 겨울에 몸을 움츠렸었다. 그런데도 같은
계절이 한 번도 없었듯이, 습지도 매번 다른 모습이었다.

우리가(물자리 모임) 기록을 꼼꼼히 하지 못해 아쉬운 부분도 있지만
특별히 습지에 자주 출현하는 종을 발견했고 해마다 다른 특징들을
찾을 수 있었다.

뱀딸기가 유난히 많아 빨간 열매가 딸기였으면 할 때가 있었고,
가래나무 아래에 산딸기가 유독 탐스럽게 많이 열려 우리의 입을
즐겁게 해준 때도 있었다. 꽃매미가 갑자기 출현해서 그 수가 급증한
적이 있었고, 작년엔 미국선녀벌레가 우글우글대기도 하였다. 봄이면
포아풀이 많았던 습지에 애기똥풀이 많아져 노란 꽃밭이 되었다.

왜? 무엇 때문에 늘었다 줄었다 하는 것인지 도통 알 수가 없다.
다만 추측건대 비와 햇살과 바람이 땅에 영향을 미치고, 그 땅이
풀과 나무들에게 영향을 주고, 이곳을 터전으로 살고 있는 생명들이
영향을 주고, 다시 그들이 영향을 받고 하며, 밀접하게 연결되어 있기
때문에 그렇지 않을까 한다.

내 눈에 보이는 살아 있는 것들은 내게 보이지 않는 많은 것들과
긴밀히 연결되어 있을 것이다.

도롱뇽이 알을 낳고 어린 새끼들이 자랐던 이곳은 맑은 물이 땅
속에서 퐁퐁 올라오는 샘이었다. 출렁출렁 넘쳐 고랑까지 시원하게
흘러내려 갔던 물줄기는 점점 가늘어지기도 하고, 가뭄에 바싹
말라버리기도 하고, 다시 채워지기도 했다. 그런데 지난여름 이후에
시멘트 우물이 박혀 있다. 이런 일이 일어날 줄은 몰랐다.

10년 동안 이곳에서 도롱뇽을 만났었다. 이제 더 이상 도롱뇽의
서식처가 될 수는 없는가? 안타깝다. 다만 도롱뇽이 이 현실을
받아들여 새로운 터전을 빨리 찾기를 바랄 뿐이다.

2012년 습지에서 멧돼지 발자국이 처음 발견된 이후 해가
거듭될수록 멧돼지의 흔적은 더 많이 볼 수 있다. 땅을 갈아엎고
부들 뿌리를 먹었는지 부들밭을 파헤쳐놓고, 소나무 옆 둑을 길게
파놔서 밭고랑처럼 만들어놓기 일쑤다.
　습지 버드나무에 진흙이 발라져 말라 있었는데, 멧돼지가 진흙
목욕을 한 흔적이었다. 물 가장자리 축축한 땅에 그 커다란 몸뚱이를
이리저리 굴리고, "쓱쓱, 쓱쓱" 나무에 문대는 상상을 해보니, 마치
내가 멧돼지가 되는 것 같은 생동감이 느껴진다.

자연적으로 나오는 샘인데 주말농장에 이어 또 다른
시련을 겪는다. 다 밀어내고 커다란 시멘트 우물을 박아 넣었다.
여기는 도롱뇽이 샘과 주변에 알을 낳아서 키우던 곳인데
이렇게 또 동물의 서식지가 사라지는 것인지…. 2016.10.25

언젠가는 옆 동네에서 멧돼지 여섯 마리가 먹이를 찾아 아파트까지 내려왔다고 한다. 먹을 게 없으니 내려오게 되고, 내려오니 사람들이 사는 공간과 충돌하게 된 것이다. 멧돼지도 우리도 서로 위험해진 것이다.

　멧돼지야! 너희들의 서식공간을 침범하고 파괴해서 미안하구나. 얼마나 먹고살기가 힘드니. 새끼들 키우기는 더 어려울 텐데…. 밤에 은밀하게 나와 사람들에게 절대 걸리지 말고 잘 다니렴.

드럼통으로 만든 멧돼지 올무
2016.7.6

사람들의 흔적

다양한 생물이 어우러져 사는 이 작은 습지 생태계의 사실상 주인은
그들이다. 누군가에게는 달뿌리풀과 풀들이 우거지고 질퍽질퍽한 습지는
경제적 가치가 없는 쓸모없는 땅으로 보이나 보다. 땅 주인은 보전지역
밖의 땅을 포크레인으로 밀어버리고, 돈이 되는 소나무를 일렬로 심는다.
정성스레 가지 치고, 농약 치고, 가꾸니 무럭무럭 잘 자란다.

자연 그대로 모습의 습지와 인간의 욕심으로 조경되는 모습이 대조를
이루고, 이상과 현실처럼 우리는 그 사이를 걷는다.

어떤 이에게 습지는 쓸모없는 것을 버려도 되는 쓰레기통이다.
과자봉지와 페트병, 담배꽁초 정도는 그나마 애교이고 자동차까지 버려져
있었다. 아마 차창 문이 열려 있었다면 카시트에 민들레꽃이 피었을지도
모른다.

누군가에게 습지는 멧돼지를 포획하고 싶은 곳이다. 몇 해 전부터 습지에
멧돼지가 자주 나타난다고 소문이 났는지, 드럼통을 뚫어서 그 안에
음식물을 넣어두고 멧돼지를 포획하려는 덫을 두 개나 발견했다. 농장주가
이곳에 아무나 못 들어오게 철문까지 달아놨는데, 드럼통을 어떻게
옮겼는지 모르겠다.

또 누군가인 나는 습지인 이곳에 누가 있는지, 만나고 싶어서 눈을 크게
뜨고 어슬렁어슬렁 다닌다. 이 덩치가 움직이니 지나간 길에 풀들이 밟히고
쓰러져 미안하기도 하지만, 관심 어린 눈빛과 애정 어린 마음을 알아줄
것이라고 믿는다.

습지는 이질풀꽃과 고마리꽃같이 예쁜 녀석들, 매미 같은 곤충들의 허물,
족제비똥, 새똥, 사냥감이 주렁주렁 달려 있는 거미줄, 어질러져 있는 깃털
같은 것이 어우러진 곳이다. 매미허물과 우리가 버린 쓰레기가 다르고,
거미줄과 덫은 분명 다르다. 그동안 우리의 발걸음에 미안하고, 그들의 삶의
터전에 더 이상 누가 되지 않고, 해가 되지 않았으면 한다.

응덩이 옆에 쌓여 있는
침목들 2008.5.9

올챙이 있는 물웅덩이 부근에 농약통이 나뒹굴고 있다.
이 농약통에 뉴속사포라 쓰여 있어 찾아보니 그라목손과
같은 것으로 농작물 재배에 잡초를 모두 죽이는 제초제였다.
(이곳에서 키우는 나무 밑에 잡초를 제거하기 위해
사용한 것 같다.) 제초제 살포 후 15분 정도면 잡초가
시커멓게 될 정도로 빨리 죽는다고 하니 과히 강력한 농약이다.
농약을 마시고 죽는 자살자 대부분이 이런 농약을 마시고
죽는 거란다. 사람도 죽는데… 저 작은 올챙이는… 빨리 빨리.
잡초는 빨리 죽어야하는 것인가. 2008.5.7

습지에 버려진 매트리스들.
왜 이곳에 버렸을까?
그 수고로움이 아깝다.
2008.5.9

보전지역 밖에 조경수을 심고
있다. 2014.5.7

먹고 버린 막걸리병
2016.7.6

그래도 변하지 않았던 것들

　오늘도 습지에 발걸음을 한다.

　원효봉, 노적봉, 의상봉, 용출봉 능선이 병풍을 쳐준 이 자리는
하늘이 가슴에 들어오는 명당이다. "여기에 집을 지으면 딱인데…"
싶은 자리이다. 좋으면 이렇게 탐하고 싶으니, 아마 오래 정이
들어서 더 그런 것도 같다.

　하늘을 가르는 듯, 나는 듯, 우뚝 서 있는 미루나무는 어릴 적
시골에서 봤던 나무 같아 정겨워서 좋다. "미루나무야! 이렇게 잘
있어줘서 고맙구나. 그 아래 버드나무도 고맙고. 이곳에 살아가는
모든 살아 있는 것들에 감사하고 고맙구나. 그리고 13년 동안 함께한
성희 선생님, 연숙 선생님, 수희 선생님, 원임 선생님, 수경 선생님,
경옥 선생님, 유성이에게도 고맙다." 이렇게 올 수 있었던 것은 그들
덕이다. 그들과 한곳에서 같은 것을 보면서 "와~ 예쁘다, 어머~
신기해라", "누구지? 어떻게 만든 걸까?" 하며 연신 '와~', '왜?'를
읊어댈 수 있어서 너무 행복하다.

　몇 해 전부터 흰머리가 생기기 시작했다. 검은 머리가 파뿌리가 될
때 이곳은 어떤 모습일까? 특별히 보전지역으로 유지되지 않을 만큼
생태환경이 좋아져서 보전지역 지정 철회가 될까? 라고 생각하는 건
너무 동화 같은 생각일까? 그래도 품어본다.

　우리 아이들이 이곳에서 신기한 도롱뇽 알을, 웅덩이에서는
꼬물대는 올챙이들과 맹맹 맹꽁이를 계속 편안히 볼 수 있기를
바란다.

습지를
조심스럽게 다녀도
풀이 밟히고 쓰러지니.. 미안하다.
2016.7.6

진관동 습지 소개

진관동 습지는 북한산국립공원 내에 위치하고 있습니다. 북한산국립공원 내
유일하게 공인된 습지로 생태경관보전지역이며 의상봉을 배경으로 한 경관이
매우 뛰어난 곳입니다. 진관동 습지는 생물다양성과 아름다운 경관을 인정하여
2002년 12월 서울시가 생태경관보전지역 제6호로 지정하여 관리하고 있습니다.
진관동 습지는 골풀, 갈대, 부들, 물억새, 버드나무가 어우러져
습지 고유의 경관을 유지하고 있으며 천연기념물 323호인 황조롱이,
환경부 보호종인 말똥가리, 서울시 보호종인 오색딱따구리,
흰눈썹황금새, 박새, 꾀꼬리 등이 나타납니다.
서울 같은 대도시 내에서는 찾아보기 힘든 습지생태계로
생물다양성이 풍부한 지역입니다.

왕잠자리

애기좀잠자리

물땡땡이

게아재비

멧돼지

맹꽁이

고라니

도롱뇽

쑥새

고마리

붉은머리오목눈이

갈대

곰풀

해오라기

부들

꿩